饮食
百科

调味品

饮食百科编委会　编著

中国大百科全书出版社

图书在版编目（CIP）数据

调味品 / 饮食百科编委会编著 . -- 北京 ：中国大百科全书出版社，2025. 1. --（饮食百科）. -- ISBN 978-7-5202-1840-5

Ⅰ . TS264-49

中国国家版本馆 CIP 数据核字第 2025QM7517 号

总 策 划：刘 杭　 郭继艳
策划编辑：张会芳
责任编辑：杜东凯
责任校对：梁嬿曦
责任印制：王亚青
出版发行：中国大百科全书出版社有限公司
地　　 址：北京市西城区阜成门北大街 17 号
邮政编码：100037
电　　 话：010-88390811
网　　 址：http://www.ecph.com.cn
印　　 刷：唐山富达印务有限公司
开　　 本：710mm×1000mm　 1/16
印　　 张：10
字　　 数：100 千字
版　　 次：2025 年 1 月第 1 版
印　　 次：2025 年 1 月第 1 次印刷
书　　 号：ISBN 978-7-5202-1840-5
定　　 价：48.00 元

—— 总　序

　　这是一套面向大众、根植于《中国大百科全书》第三版（以下简称百科三版）的百科通俗读物。

　　百科全书是概要记述人类一切门类知识或某一门类知识的完备的工具书。它的主要作用是供人们随时查检需要的知识和事实资料，还具有扩大读者知识视野和帮助人们系统求知的教育作用，常被誉为"没有围墙的大学"。简而言之，它是回答问题的书，是扩展知识的书。

　　中国大百科全书出版社从1978年起，陆续编纂出版了《中国大百科全书》第一版、第二版和第三版。这是我国科学文化建设的一项重要基础性、标志性、创新性工程，是在百年未有之大变局和中华民族伟大复兴全局的大背景下，提升我国文化软实力、提高中华文化国际影响力的一项重要举措，具有重大的现实意义和深远的历史意义。

　　百科三版的编纂工作经国务院立项，得到国家各有关部门、全国科学文化研究机构、学术团体、高等院校的大力支持，专家、学者5万余人参与编纂，代表了各学科最高的专业水平。专家、作者和编辑人员殚精竭虑，按照习近平总书记的要求，努力将百科三版建设成有中国特色、有国际影响力的权威知识宝库。截至2023年底，百科三版通过网站（www.zgbk.com）发布了50余万个网络版条目，并陆续出版了一批纸质版学科卷百科全书，将中国的百科全书事业推向了一个新的高度。

　　重文修武，耕读传家，是我们中国人悠久的文化传承。作为出版人，我们以传播科学文化知识为己任，希望通过出版更多优秀的出版物来落实总书记的要求——推动文化繁荣、建设中华民族现代文明，努力建设中国式现代化强国。

为了更好地向大众普及科学文化知识，我们从《中国大百科全书》第三版中选取一些条目，通过"人居环境""科学通识""地球知识""工艺美术""动物百科""植物百科""渔猎文明""交通百科"等主题结集成册，精心策划了这套大众版图书。其中每一个主题包含不同数量的分册，不仅保持条目的科学性、知识性、准确性、严谨性，而且具备趣味性、可读性，语言风格和内容深度上更适合非专业读者，希望读者在领略丰富多彩的各领域知识之时，也能了解到书中展示的科学的知识体系。

衷心希望广大读者喜爱这套丛书，并敬请对书中不足之处给予批评指正！

《中国大百科全书》编辑部

"饮食百科"丛书序

  食物是人类赖以生存和社会赖以发展的首要条件。由农业提供的食物大致可分为植物性食物和动物性食物两大类。植物性食物包括谷物、薯类、豆类、水果、蔬菜、植物油、食糖等;动物性食物包括家畜的肉和奶、家禽的肉和蛋以及鱼类和其他水产品等。按各种食物在膳食结构中的比重和用途,食物还可分为主食和副食以及调味品、零食等。主食和副食在世界不同的地方有不同的含义。在中国大部分地区,主食主要指谷物和薯类,通称粮食;而水果、蔬菜以至肉、奶、蛋等动物性食物则被归入副食一类。

  人的营养需要,靠摄取不同种类的食物得到满足。谷物中碳水化合物占较大比重(63% ～ 75%),是热量的主要来源;肉、奶、蛋富含蛋白质,来自家畜、家禽和水产品,是目前人类所消费的蛋白质的主要来源;蔬菜和水果是维生素和矿物质的主要来源。零食含有一定的能量和营养素,可以给人们带来一定的精神享受,也可满足特殊人群对某些营养素的需求。调味品能提升菜品味道,增进食欲,满足消费者的感官需要。维生素是一类维持生物正常生命现象所必需的小分子有机物,人与动物体内或者不能合成维生素,或者合成量不足,必须由外界供给。食品添加剂通常不作为食品消费,不是食品的典型成分,也不包括污染物或者为提高食品营养价值而加入食品中的物质,但正确使用食品添加剂对提高食品感官质量和营养价值、防止食品变质、延长食品保存期等具有一定作用。

为便于读者全面地了解各类食物，编委会依托《中国大百科全书》第三版作物学、园艺学、畜牧学、渔业、食品科学与工程、化学等学科内容，组织策划了"饮食百科"丛书，编为《谷物》《水果》《蔬菜》《肉奶蛋》《零食》《调味品》《食品添加剂》《维生素》等分册，图文并茂地介绍了各类食物、食品添加剂和维生素等。因受篇幅限制，仅收录了相对常见的类型及种类。

希望这套丛书能够让读者更多地了解和认识各类食物、食品添加剂和维生素，起到传播饮食科学知识的作用。

饮食百科丛书编委会

目　录

第3章 甜味剂 37

第4章 鲜味剂 55

第5章 香辛味剂 65

第6章 调味料酒 105

第 7 章　食用油　115

第 1 章

咸味剂

食 盐

食盐是一种能让人类感知到咸味的调味剂。常在烹饪和享用食物时用作调味。主要成分为氯化钠（NaCl）。

常见的餐桌盐是一种含有97%～99%氯化钠的精制盐。一般粗盐中还含有氯化镁（$MgCl_2$）、硫酸镁（$MgSO_4$）、氯化钙（$CaCl_2$）、硫酸钠（Na_2SO_4）等可溶盐，另外还有泥沙和其他不溶性杂质。

有证据显示最早在公元前6050年的新石器时代，库库泰尼文化的人会使用陶器煮沸含盐的泉水，以提取其中的盐；而中国大约在同一时期也已有盐业存在。海洋和盐湖是食盐的主要来源，海水中约含氯化钠2.7%，有些盐湖如美国的大盐湖和约旦边境的死海中，湖水含氯化钠高达23%。食盐还存在于盐湖的沉积物中，如中国班戈等湖区，食盐主要存于沉积物。

死海的盐矿

将粗盐溶于水中，去除不溶性

杂质，再加精制剂如烧碱、纯碱和氯化钡等，使 Ca^{2+}、Mg^{2+}、Fe^{3+} 等可溶性杂质变成沉淀，过滤除去，最后用纯盐酸将 pH 调节至 7，浓缩溶液即得纯氯化钠结晶，称精盐。

氯化钠是人体细胞液和血液的组分，是生命不可缺少的物质。缺少食盐会患缺钠症，发生口渴、恶心、肌肉痉挛、神经紊乱等症状，甚至引起死亡。过量食盐会引起高血压。食盐除食用外，还可做食物防腐剂和化工原料。

海　盐

海盐是一种以海水为原料，用煎煮法或日晒法制成的盐。历史上长期是刮取经海水浸渍的咸土（灰、沙），淋制卤水，用锅煎盐。现代普遍采用日晒法，即在涨潮时将海水引入盐田，利用日晒风吹，使海水蒸发浓缩结晶成盐。可以充分利用自然能源，但要具备较明显和较长的旱季，浓度较高的海水，广阔平坦的滩涂等条件。

中国是世界上生产海盐最多的国家。辽宁、天津、河北、山东、江苏为北方海盐区，盐场分布于渤海、黄海沿岸。当地年蒸发量 1500 ～ 2000 毫米，降雨量 500 ～ 900 毫米，雨量集中在 7 ～ 8 月。生产分为春晒、秋晒两段，实行适当的长期结晶。浙江、福建、广东、广西、海南为南方海盐区，年蒸发量约 2000 毫米，降雨量约 1500 毫米，实行短期结晶。为了突破自然条件限制，中国独创了塑料薄膜苫盖结晶池新技术，雨前将薄膜覆盖在结晶池卤水液面上，雨后排除膜上积水，天晴收起薄膜继续晒盐，实行长期结晶，常年生产，年蒸发量可利用

80% ～ 85%，年降雨量可排除 85% 以上，产盐量相应增加，并为机械收盐创造了条件。天津汉沽盐场新建的集中式盐田，采用塑料薄膜苫盖结晶池、长期结晶、死碴盐工艺，盐质接近国际先进水平。

◆ **海水的化学组成**

海水是成分复杂的稀薄水溶液，总含盐量 3.5% 左右，其中氯化钠为 2.7213%，其余是氯化镁、硫酸镁、氯化钾等。在海水中溶存物质的总重量中，氯占 55%，钠占 30%，其次是硫酸根、镁、钙和钾，合计占 14%，还含有微量的溴、硼、碘、锶以及几乎地壳中含的所有其他元素。所有海水的化学组成极其近似，主要化学成分相互比值是恒定的；密度一般在 1.02 ～ 1.07 克 / 厘米 ^{3}，随其盐类含量和温度的变化而变化。

◆ **海水蒸发析盐规律**

如将含量少的钙、钾离子忽略，海水可看成一个四元交互体系。这一体系中共有 8 个结晶区。在蒸发浓缩过程中，盐类析出。对海盐生产，海水浓缩到 25.5 ～ 26°Bé′时，含氯化钠达到饱和点，为制卤阶段；饱和卤水继续浓缩至 30°Bé′，氯化钠从开始析出到基本析出，为结晶阶段。

◆ **生产工序**

海盐生产包括纳潮、制卤、结晶、收盐与集坨、洗涤与堆存等工序。

纳潮

海水经引潮沟和闸门自然流入盐田的蓄水池，或用水泵扬入储水池。海水含盐度与盐的产量、成本密切相关，如用 2°Bé′的海水 100 立方米可制成饱和卤 5.87 立方米，用 3.5°Bé′的海水 100 立方米则可制成饱和卤 9.25 立方米。因此，生产中要掌握潮汐、海流规律，纳取高浓度海水。雨季和化冰季节不宜纳潮。

制卤

蒸发浓缩海水，使卤水中氯化钠含量逐步达到饱和。含盐度在 $10°Be'$ 以下的为初级卤水，$10\sim20°Be'$ 为中级卤水，$21\sim25°Be'$ 为高级卤水。制卤方法有平面蒸发制卤、立体蒸发制卤、冷冻法制卤和电渗析法制卤。制卤过程中要注意保持盐田生态系统的平衡。

①平面蒸发制卤：将海水引入盐田，进行蒸发浓缩，使之成为饱和卤水。在蒸发量大、降雨量小的干旱地区，卤水可沿各步蒸发池按落差自然流下，直到饱和。在天气相对稳定的旱季或比较干旱的地区，常规定各步蒸发池的卤水深度，待达到一定浓度后，再放入下步蒸发池；留适量的卤水作底水，便于后续卤水迅速提高浓度；各步卤水浓度，初级制卤区一般相差 $0.5\sim1.0°Be'$，中、高级制卤区一般相差 $2\sim3°Be'$。在多雨季节或地区，则将浓度较高的卤水深贮于少数蒸发池或贮卤池内，减少因降雨稀释；低浓度卤水则在其余蒸发池中实行浅晒，利用短晴天迅速提高浓度，以利产盐。

②立体蒸发制卤：卤水沿枝条架或垂网架下流，在空间进行蒸发，加快卤水浓缩。枝条架有单墙式、房屋式等多种，一般是在木架上斜挂若干层竹枝，架高 $5\sim7$ 米，长度以便于操作为准，方向与生产季节最多的风向成直角，架顶设卤水槽（沟）。用水泵将卤水扬入槽内，分流至卤水沟，经沟底小孔或沟边缺口流到最高层竹枝上，成水滴逐层下流，最后落入基盘，再打入卤水槽，如此反复进行，以提高卤水浓度。垂网架是用聚氯乙烯塑料等编成网，垂挂在竹木架上，卤水自架顶沿网丝流

下。因造价高，耗电多，现已停用。

③冷冻法制卤：冬季利用自然低温，使初级卤水表面结冰，在冰下抽取浓度较高的卤水，但要注意合理安排结冰面积，做好春初化冰、分水和排除淡水等工作。

④电渗析法制卤：海水通过离子交换膜电渗析装置进行浓缩。电渗析槽由阴、阳电极、离子交换膜、浓缩室、脱盐室等组成。离子交换膜对一价离子有选择透过性。高盐度的卤水从浓缩室流出，淡水（含盐约1.8%）从脱盐室流出。此法占地小，不受天气影响，卤水纯度高，质量好；但投资多，电耗大，成本高，较少使用。

结晶

饱和卤水在结晶池中蒸发浓缩和析出氯化钠的过程。通常以浓缩到30.2°Be′为宜，此时卤水中的氯化钠已析出近80%，其他盐类析出少，盐的质量好。氯化钠纯溶液的过饱和度为1.6克/升；超过此限度，则晶形不规整，晶体疏松，含液泡多，影响盐质；实际生产中常根据蒸发量大小，控制结晶池卤水深度，以降低过饱和度，稳定结晶速度，使晶体坚实、整齐。在结晶过程中，定期搅动氯化钠晶体，使之相互分离，即成活碴盐；如不搅动，任其结为整体，则成死渣盐。为了避免已生成的盐渣被降雨化损，多雨地区的海盐场常实行短期结晶，一年收盐多次；反之，干旱地区的海盐场则可实行长期结晶，一年只收盐一两次。

收盐与集坨

用人工、联合收盐机组或水力管道输送设备，将结晶池内的盐采出，运送到坨地堆存。

①联合收盐机组。由收盐机与运盐车联合组成，有两种形式：一种是死渣盐收盐机组，收盐铲将盐层铲起，喂入提升机的链斗，在提升过程中，自动卸入皮带机的受料槽，再将盐送入与收盐机并行的运盐车；另一种是活碴盐联合收盐机组，收盐机用低压充气轮胎，车体前部装有耙头、螺带和刮板提升机，中部向右侧伸出皮带机，利用手动油压装置起落耙头，用螺带集盐，经刮板机、皮带机将盐提升，送到运盐车上，完成收盐作业。

②水力管道输盐。用人工或机械将结晶池内的原盐集中到喂料槽，再以卤水为输送介质，用盐浆泵将盐通过管道送往指定地点，脱水堆存。中国目前采用的有两种形式：一种是固定式输送系统，由运盐车将结晶池原盐送至喂料槽，再用管道输送；其喂料装置、盐泵、卤泵、输送管道和脱卤、堆存等设备的位置均固定不变。如天津长芦汉沽盐场采用此法，输盐铸铁管道直径200～250毫米，输送距离260～600米，输盐能力100～200吨/时，用振动筛脱水，皮带机堆坨。另一种是移动式输送系统：在结晶区内设若干个喂料槽，根据收盐安排，移动管道和输盐泵，将盐送至不同的堆存地点。如天津长芦塘沽盐场采用此法，输盐用的硬质聚氯乙烯管道，直径100～125毫米，流量103米^3/时，通过面积为0.83平方米的双级弧形脱水筛，使盐、卤分离，输送能力为30～50吨/时。

洗涤与堆存

为了提高盐质，除去不溶物和可溶性杂质，需对原盐进行洗涤。如天津汉沽盐场经管道输送的盐，在盐卤分离槽内淘洗后，由刮板机送至振动筛脱卤，可除掉 80% 的硫酸钙和大部分镁盐。洗涤后的盐通过皮带机组送至堆坨机进行堆存。

世界大型海盐场采用联合收盐机组收盐的都设有洗涤装置。墨西哥黑勇士盐场、澳大利亚丹皮尔盐场都是在钢丝网输送带上进行喷淋洗涤，澳大利亚夏克湾盐场采用斜振动筛和双螺带洗涤机两次洗涤，送至离心机脱卤，然后用皮带输送机组集坨。

湖　盐

湖盐是一种从盐湖中直接采出的盐或以盐湖卤水为原料在盐田中晒制而成的盐。

◆ 简史

湖盐生产历史悠久。生产方法因资源情况而异：凡已形成石盐矿床并赋存丰富晶间卤水的盐湖，如中国和俄罗斯的多数盐湖，主要是直接开采石盐；未形成石盐矿床或石盐沉积很少的盐湖，如美国犹他州的大盐湖、印度的桑巴尔盐湖、中国山西省的运城盐池等，需在湖边修筑盐田，引入湖中卤水，日晒成盐；无晶间卤水的干涸盐湖，如澳大利亚的马克利奥特湖，需注水溶制饱和卤水晒盐或直接开采原盐。其原理及操作与海盐基本相同，但盐湖卤水浓度较高，所需蒸发池面积相应地比海盐小。

◆ 湖盐开采

以手工或机械方法从盐湖中直接采出石盐的过程。石盐为天然结晶，呈透明、半透明状，氯化钠含量高，结构松散或半松散，矿体呈层状、似层状或透镜体，直露地表，易开采，生产成本和能源消耗低于海盐和井矿盐。中国湖盐开采长期以来都是手工操作，用铁钎捣松覆盖在盐湖表面厚 20～30 厘米、混有泥沙的盐盖，堆集在采坑一侧；再逐层松动盐层，用铁耙将盐粒在卤水中反复洗涤，用带孔铁勺捞出，堆集在采坑的另一侧，每人每天可捞盐 3～5 吨，劳动强度极大。20 世纪 70 年代后期起，逐步实现机械化作业，如内蒙古吉兰太盐场用联合采盐机采盐，自卸汽车运盐，水力管道输送和堆坨机堆坨；青海茶卡盐场则用联合采盐船采盐，装小火车运输。

◆ 联合采盐机

将采盐、脱卤、装车设备组装在一个车厢内，沿轨道往返运行作业。生产能力 100 吨 / 时。开采盐槽的最大深度 5 米，长度一般为 1000 米。采完一条盐槽后，用拖拉机牵引轨道，横向搬移 1.1～1.2 米，继续开采下一盐槽。采盐时，外周装有切割刃具的直径 1 米的切盐器，以每分钟 33 转的速度切割盐层，使盐粒悬浮于卤水中，形成一定浓度的盐浆。切盐器的切割方向和切割深度，由卷扬设备绳索的收、放来控制。为防止盐层坍塌，采盐槽的垂直面向湖内坡向 15°角。吸盐泵将盐浆吸送至水力旋流器，使泥沙及细粒石膏由顶流排向已采空的盐槽内沉降，盐粒由底流排向弧形筛脱卤。筛上装有喷头，用清卤强力冲洗盐粒，除去杂质后流入提升机，在提升过程中再一次沥出卤水，装入自卸汽车，运至水力输盐泵站。采盐机借助驱动装置带动车轮，以 2 米 / 分的速度在轨道上运行。整机动力为 100 千瓦，经电缆卷筒由湖内电源引入车内。由于采盐机在轨道上运行作业，开采的盐槽排列匀整，操作控制也比较简单，但对移轨后的直顺和平行程度要求严格，否则影响盐的采出率。

◆ **联合采盐船**

装有松动盐层的切盐器、吸盐泵与采盐机具的船。切盐深度依靠门架和卷扬设备控制，切割进尺由船上的横移绞车和定位桩控制，采盐时船体做扇形摆动。吸盐泵吸入的盐浆经船尾的水上浮管送至湖边坨地或湖内移动式脱水站，脱卤后装小火车外运。采盐船动力由铺设在浮管上的电缆从岸上供电。可在水中连续作业，采深 3 米，吃水 0.6 米，生产能力 60 ～ 100 吨 / 时。联合采盐船的特点是：①采出的盐经浮管连续送至脱水站，可提高采盐效率和设备利用率；②盐层中的泥沙可随盐浆排至湖外，为湖内卤水继续结晶创造良好条件；③采盐船对盐层连续切割，中间不留"盐墙"，可通过运行参数的控制，提高矿床采出率。但开采前必须做好采区规划，湖面上树立观测标志，以控制船体的前进和摆动幅度，防止漏采和采深不一。还有一种链斗式采盐船，用链斗采盐装置将石盐采出，直接装船，运往洗涤、脱水工段，适用于湖面承载能力差、充水条件好的湖区。

盐湖中原来沉积的石盐经采出后，其空间即为晶间卤水所填充，经日晒蒸发，又结晶成盐，每年生成新盐的厚度为 20 ～ 30 厘米，盐层更为松散，盐粒细小，氯化钠含量可达 95% 以上，采出后通过简单的洗涤、脱水、干燥，即符合食盐标准。这种盐通称再生盐。许多盐场既开采原盐，也有计划地开采再生盐，开采方法同上。

◆ **湖盐加工**

湖盐加工是对从盐湖中采出的原盐，用不同方法除去所含杂质的过程。盐湖石盐中除主要成分氯化钠外，还含有泥沙、石膏、芒硝等杂质。泥沙可在开采过程中，通过联合收盐机（船）上的洗涤、喷淋工序除去。石膏含量往往随盐层深度而增多，因此开采上部盐层时，针对石膏少、颗粒细的特点，利用水力旋流器的分级和振动筛的筛选作用，使盐与石膏分离。开采中部以下盐层时，则对采出的原盐进行焙烧，使二水石膏脱水成为半水石膏，通过碾钙机的搓碾，使成为细粉状，经分级机溢流除去。含芒硝的原盐，盐硝不易分离，可利用芒硝析出规律，夏季采盐，冬季捞硝。

◆ 资源保护

盐湖周围多为沙漠、戈壁。长期受自然和人为因素影响，湖周自然生态失去平衡，沙化加剧，流沙不断侵入湖内。因此，在开发盐湖的同时，需在湖的周围造林、育草，扩大植被，以防止沙害。盐湖一般都处于旱地区，开采时揭开盐盖后，晶间卤水裸露，蒸发加快，如果没有足够的水源补给，将导致湖中水位下降，影响长远开发。深入研究补水技术，考虑合理的开采规模，是湖盐开发的一项重要课题。

酱 油

酱油是用豆、麦、麸皮酿造的一种液体调味品。是中国的传统调味品之一。

◆ 发展简况

酱油从豆酱演变和发展而来。中国最早使用"酱油"的名称是在宋代林洪著《山家清供》中。此外，在古代酱油还有其他名称，如清酱、豆酱清、酱汁、酱料、豉油、豉汁、淋油、柚油等。755年后，酱油生产技术随鉴真传至日本，后相继传入朝鲜、越南、泰国等地。

中国酱油色泽红褐、酱香独特，以粮食为主要原料，采用低盐固态、高盐稀态为主的发酵工艺和生物工程技术改造传统工艺，以加速生产过程的机械化水平。

◆ **生产工艺**

酱油用的原料是植物性蛋白质和淀粉质。植物性蛋白质普遍取自大豆榨油后的油饼，或溶剂浸出油脂后的豆粕，也有以花生饼、蚕豆代替的，传统生产中以大豆为主；淀粉质原料普遍采用小麦及麸皮，也有以碎米和玉米代替的，传统生产中以面粉为主。

原料经蒸熟冷却，接入纯粹培养的米曲霉菌种制成酱曲，酱曲移入发酵池，加盐水发酵，待酱醅成熟后，以浸出法提取酱油。制曲的目的是使米曲霉在曲料上充分生长发育，并大量产生和积蓄所需要的酶。发酵过程中口味的形成就是利用这些酶的作用。如蛋白酶及肽酶将蛋白质水解为氨基酸，产生鲜味；谷氨酰胺酶把成分中无味的谷氨酰胺变成具有鲜味的谷氨酸；淀粉酶将淀粉水解成糖，产生甜味；果胶酶、纤维素酶和半纤维素酶等能将细胞壁完全破裂，使蛋白酶和淀粉酶水解得更彻底。

同时，在制曲及发酵过程中，从空气中落入的酵母和细菌也进行繁殖并分泌多种酶。也可添加纯粹培养的乳酸菌和酵母菌。由乳酸菌产生适量乳酸，由酵母菌发酵生成乙醇，以及由原料成分、曲霉的代谢产物等所生成的醇、酸、醛、酯、酚、缩醛和呋喃酮等多种成分，虽多属微量，但却能构成酱油复杂的香气。

此外，由原料蛋白质中的酪氨酸经氧化生成黑色素及淀粉经曲霉淀粉酶水解为葡萄糖与氨基酸反应生成类黑素，使酱油产生鲜艳有光泽的红褐色。发酵期间的一系列极其复杂的生物化学变化所产生的鲜味、甜味、酸味、酒香、酯香与盐水的咸味相混合，最后形成色香味和风味独特的酱油。

①原料处理：分为饼粕加水及润水、混合、蒸煮。

②制曲：分为冷却接种和厚层通风制曲。

③发酵：成曲加热盐水拌和入发酵池，品温 42～45℃，维持 20天左右，酱醪基本成熟。

④浸出淋油：将前次生产留下的三油加热至 85℃，再送入成熟的酱醪内浸泡，使酱油成分溶于其中，然后从发酵池下部把生酱油（头油）徐徐放出，通过食盐层补足浓度及盐分。淋油是把酱油与酱渣过滤分离的过程，一般采用多次浸泡，依序淋出头油、二油及三油，循环套用把酱油成分全部提取。

⑤后处理：将生酱油加热至 80～85℃ 消毒灭菌，再配置（勾兑）、澄清及质量检验，得到符合质量标准的成品。

酿造酱油

酿造酱油是以大豆和（或）脱脂大豆（豆粕或豆饼）、小麦和（或）麸皮为原料，经微生物发酵制成的具有特殊色、香、味的液体调味品。

酿造酱油按发酵工艺不同分为两大类，即高盐稀态发酵酱油和低盐固态发酵酱油。高盐稀态发酵酱油是以大豆和（或）脱脂大豆（豆粕或豆饼）、小麦和（或）小麦粉为原料，经蒸煮、曲霉菌制曲后与盐水混合成稀醪，再经微生物发酵制成的酱油。低盐固态发酵酱油是以大豆及麦麸为原料，经蒸煮、曲霉菌制曲后与盐水混合成固态酱醅，再经微生物发酵制成的酱油。

再制酱油

再制酱油是以酿造酱油为基料，添加其他调味品或辅助原料进行加工再制的液体调味品。

再制酱油可分为以下几种类型：①液态再制酱油。利用酿造型调味汁液直接配制的产品，或经简易再加工获得的复制品。②固态再制酱油。以酿造酱油为基料，经加热或以其他方式浓缩并加入适当充填料制成的产品。稀释后用于调味，可分为酱油膏、酱油粉、酱油块等。③酱油状调味液。以主要原料水解液为基料，再经发酵后熟制成的调味汁液。以上类型均供调味用。

酱油状调味汁

酱油状调味汁是以蛋白酸水解液或蛋白酶解液与酿造酱油混合，再经发酵后熟制成的调味汁液。

酱油发源于中国，历史文献较早记载"酱油"的史料在东汉，当时称作"酱清"，"酱油"一词较早出现在北宋。它的原料主要由蛋白质原料和淀粉质原料构成，蛋白质原料主要由大豆、豆饼和豆粕，淀粉质原料一般选用面粉、小麦和麸皮。酱油利用蛋白质原料和淀粉质原料混合再加入一定量的食盐和水，由微生物发酵酿制而成。这些原料经过发酵工艺的酿造造就了酱油特殊的颜色、香气和味道，以及营养物质（如蛋白质、氨基酸、维生素等）的生成。

在中国，酱油大体分为两种：酿造酱油和配制酱油。酿造酱油是发酵制成的，而配制酱油是以酿造酱油为主体经过进一步加工配制而成的。中国的酱油酿造工艺主要分为低盐固态发酵法和高盐稀态发酵法，其中低盐固态发酵法为中国大部分酱油生产企业主要采用的发酵工艺，而基于高盐稀态法的酱油产品是在中国传统发酵工艺的支持下生产得到的。此外，中国常用的酱油生产方式还包括天然晒露工艺、稀醪发酵工艺、固稀发酵工艺、固态无盐发酵工艺。

酱油状调味汁

酱

酱以豆类、小麦粉、水果、肉类或鱼虾等物为主要原料加工而成的糊状调味品。是调味品中的一大类。

古代曾以动物如雉、鹿、麇、兔、雁、牛、羊、鱼、虾等蛋白质为原料加曲加盐发酵制成酱，称为醢酱，亦称醢。西汉时已有用大豆制酱的记载。《齐民要术》作酱法中有豆酱法、肉酱法、鱼酱法、虾酱法等记载。现代以粮食为原料，利用以米曲霉为主的微生物，经发酵酿制成各具独特色泽和酱香、咸甜适口、滋味鲜美的多种糊状调味料。将花生、芝麻磨成细腻的糊状酱，称为花生酱、芝麻酱，也可作调味料。辣椒腌制后磨细成酱，称为辣椒酱，也称辣酱。

酱按原料及生产工艺分为多种。①以大豆和面粉为原料酿制的豆酱，有豆瓣酱、黄豆酱、双缸酱等。②以蚕豆和面粉为原料酿制的蚕豆酱。其中加入辣椒酱，则成蚕豆辣酱，亦称豆瓣辣酱，著名的有四川资阳豆瓣辣酱和安徽安庆豆瓣辣酱。③以面粉为原料酿制的面酱，又称甜面酱、甜酱。④豆酱（或蚕豆酱）磨细，与甜酱、辣酱混合，再加入虾米、火腿、牛肉、鸡肉、猪肉、蘑菇、花生酱、芝麻酱等辅料，配制成各种花色辣酱。⑤中国东北地区以豆饼为原料，酱醅经发酵成熟后磨成黏稠适度的糊粥状，称为大酱。

豆酱酿制过程是先将大豆洗净，浸泡、沥干后蒸熟。接入纯粹培养的米曲霉所制种曲或曲精（由种曲经低温干燥后分离其分生孢子），采用厚层通风制豆曲。豆曲在发酵容器内发酵，直至酱醅成熟。成品红褐色而带光泽，具有酱香，味鲜美，咸淡适口。蚕豆酱酿造方法与豆酱基本相同。

面酱酿制过程是用拌和机将面粉、水充分拌和成碎面块，送入常压蒸锅内蒸熟。也可让碎面块连续进入蒸料机内，蒸熟的面糕从下部连续出料。当面糕冷却后，接入种曲或曲精制成面糕曲，再装入发酵容器内，注入热水保温发酵，直至酱醅成熟，变成浓稠带甜的酱。成品黏稠适度，黄褐色有光泽，味甜而鲜，微咸，具有面酱独特的香气。

酱中的含氮物质有蛋白质、多肽、肽；氨基酸有酪氨酸、胱氨酸、丙氨酸、亮氨酸、脯氨酸、天冬氨酸、赖氨酸、精氨酸、组氨酸、谷氨酸等；糖类以糊精、葡萄糖为主，也含少量戊糖、戊聚糖。此外，尚有腐胺、尸胺、腺嘌呤、胆碱、甜菜碱、酪醇、酪胺和氨等。大豆约含18%脂肪，在制酱过程中基本无变化，故酱中所含脂肪，基本都存于豆瓣中。酱中挥发性酸类有甲酸、乙酸、丙酸等；不挥发性酸类有乳酸、琥珀酸、曲酸等。其他有机物有乙醇、甘油、维生素、有机色素等；无机物除水、食盐外，尚有随原料带入的硫酸盐、磷酸盐、钙、镁、钾、铁等。

豆 酱

豆酱是以蚕豆或黄豆为主要原料制成的一种酱。又称豆瓣酱。

主要原料为蚕豆或黄豆、面粉、辣椒、食盐等，辅料有植物油、糯米酒、味精、蔗糖等。酿制豆瓣酱的辣椒以鲜椒腌制的为好。四川地区在生产中采用蚕豆子叶浸泡后不经蒸熟的生料制曲工艺，保持了成品外观瓣形完整而且口感良好的特点。

黄豆酱

起始于民间，原产于四川资中、资阳和绵阳一带，20世纪初作为商品流入长江中下游，当时人们称为"资川酱"，也叫"川酱"。各地已普遍生产，北方地区也有少量生产。有些为地方特产，如四川资阳临江寺豆瓣辣酱、安徽安庆豆瓣辣酱都各具特色。

面　酱

面酱是以面粉为主要原料生产的酱类。由于滋味咸中带甜，又称甜酱。

面酱的生产工艺主要有糊化和糖化两个步骤。①糊化。将面粉蒸熟，使其中的淀粉糊化。②糖化。用米曲霉分泌的淀粉酶将淀粉分解为糊精、麦芽糖和葡萄糖。曲霉菌丝繁殖越旺盛，则糖化程度越强。糖化作用在制曲时已经开始进行，在酱醅发酵期间，进一步加强。面粉中的少量蛋白质在曲霉所分泌的蛋白酶的作用下，被分解成为氨基酸，从而使甜酱具有鲜味。

实际生产中面酱有南酱园做法和京酱园做法两种，又简称为南做法和京做法。它们之间的区别在于：南酱园是将面蒸成馒头，而后制曲拌盐水发酵；京酱园是将面粉拌入少量水搓成麦穗形，而后再蒸，蒸完后降温接种制曲，拌盐水发酵。南做法面酱的特点是利口、味正。京做法面酱的特点是甜度大，发黏。

中国面酱已远销日本和其他国家，是烤鸭的必备调味品，也是烹调中的调味佳品。

豆　豉

豆豉是大豆经蒸熟、接种霉菌、加盐发酵、干燥等加工后，仍保持原豆粒形状的食品。

豉的本义是经发酵并盐腌的大豆。原料以黑色的或深色的大豆为好，成品呈黑色或棕色，是中国的传统食品。纯净大豆经浸泡、蒸煮、摊凉、加曲搅拌进行前发酵，再加盐腌制、封坛进行后发酵，干燥后即制得成品。生产工艺如下：大豆→前处理→蒸煮→冷却→接种→发酵→加盐后发酵→干燥→豆豉。曲中所含霉菌有毛霉型和米曲霉型，霉菌在豆粒表面繁殖。部分地区仍保持自然发酵的传统工艺。

豆豉的主要品种有4种：①淡豆豉。豆豉发酵后不经盐腌直接干燥。主要产于中国四川、云南、贵州一带。②咸豆豉。发酵后加盐及香辛料腌制后再干燥。品种较多，主要产于中国湖南、湖北、江西、福建、浙江、江苏、广东、北京等地区。③水豆豉。通过细菌发酵能产生黏涎物质，比较湿润，别有风味。为中国山东的主要豆豉品种，日本的纳豆也属于该类。④别味豆豉。在豆豉发酵中配加其他辅料，如配加茄子、花椒、鲜姜、杏仁、紫菜叶等八宝豆豉，配加西瓜瓤及香辛料的西瓜豆豉等。

豆豉含有丰富的蛋白质（约20%）、脂肪（约7%）和碳水化合物（约25%），且含有多种氨基酸、矿物质和维生素等营养物质。其功能活性物质主要有大豆异黄酮类、大豆多肽、大豆低聚糖、褐色色素、大豆皂苷、豆豉溶栓酶等。既可用作菜肴的调味料，又是食品的配料，还可直接用以佐餐。

腐 乳

腐乳是豆腐经微生物复合发酵制成的植物奶酪型食品。又称豆腐乳、霉豆腐。

根据颜色不同，可分为白腐乳（白方）、红腐乳（红方）和青腐乳（青方）。白腐乳调味料主要包括黄酒和盐水（辣椒及麻油等为可选）；红腐乳调味料主要包括黄酒、盐水和红曲（辣椒、麻油等为可选）；青腐乳调味料主要为盐水。

根据腐乳前发酵过程中接种的微生物不同，中国腐乳的生产方式可以分为霉菌发酵型和细菌发酵型。①霉菌发酵型。豆腐坯通过接种纯种培养的霉菌，经一定时间的固体发酵，待豆腐坯上长出网状白色菌丝，即可进行腌制和后期发酵。大多数厂家都采用毛霉或根霉进行腐乳的酿造。由于毛霉发酵的腐乳相对根霉和细菌发酵的腐乳块形好，色泽均匀无孢子，酶系丰富且不易被杂菌污染，因此市场上的腐乳多是毛霉发酵生产的。②细菌发酵型。豆腐坯经天然培菌后保温发酵。由于天然培菌受环境制约，产品品质不稳定，不利于工业化生产。市场上只有少数通过接种细菌发酵的腐乳，如黑龙江的克东腐乳。

腐乳质地细腻，营养丰富，富含植物蛋白质，不含胆固醇，在欧美被称为中国奶酪。

白腐乳

白腐乳并不具体指某一品种，而是因颜色相似而归为一个类型的产品。一般指呈乳黄色、淡黄色或青白色，颜色表里一致的腐乳。其中较为典型的代表为糟方腐乳、霉香腐乳、醉方腐乳。白腐乳的主要特点是含盐量低，发酵期短，成熟较快，大部分在南方生产。

生产工艺是将大豆加水浸泡，经磨浆、滤浆、煮浆、点脑、压榨、

白腐乳

切块而成豆腐白坯，再经接菌、前期培菌、搓毛、盐腌成为盐坯（也有不经盐渍成盐坯的），再将黄酒、甜酒或白酒及适量食盐与盐坯一起装入坛中密封，经自然或人工保温发酵制成。这类产品主要作为佐餐小菜，其营养成分以蛋白质为主，含量在 11% 以上；脂肪含量 2% 以上；碳水化合物含量 3% 以上；每 100 克热量为 70 ～ 80 千卡。

白腐乳的特点为醇香浓郁，鲜味突出，质地细腻。

第 2 章

酸味剂

酸味剂

　　酸味剂是能够赋予食品酸味的一种食品添加剂，也是酸度调节剂的一种。酸味剂可分为有机酸和无机酸两大类。食品中天然存在的酸味剂主要是有机酸，如柠檬酸、酒石酸、苹果酸、乳酸、抗坏血酸、延胡索酸、葡萄糖酸等。无机酸主要有磷酸、盐酸、冰乙酸等。

　　酸味剂作为食品中的主要调味料，具有增进食欲、促进消化吸收的作用。另外，酸味剂还具有提高酸度防止食品腐败、复配使用改善食品风味、防止果蔬褐变、缓冲溶液、螯合金属离子等作用。具体包括以下几个方面。①赋予酸味，调和风味。酸味给人以爽快的刺激，酸味剂常与其他调味剂配合使用，以调节食品的口味，使食品具备最佳的风味和口感。如在果蔬加工时，糖酸比配合适当，可明显改善其风味并掩盖某些不良风味，还可改善杀菌条件，在食品生产工艺中发挥重要作用。某些酸味剂具有天然水果的香味，可作为香料辅助剂应用于调香。如酒石酸可以增强葡萄的香味，苹果酸可以增强许多水果和果酱的香味，磷酸可以增强可乐饮料的香味。②调节 pH，抑菌防腐。酸味剂可控制食品体系的酸碱性，使其达到适当的标准来稳定产品的质量。在一些糖酸型凝胶、果冻、软糖和果酱产品中，常添加一些酸味剂，使产品获得良好的黏弹性。微生物在低 pH 条件下难以维持生命活动，故酸味剂可以抑制微生物的繁殖，从而起防腐作用。一些酸黄瓜、酸白菜等酸渍食品即通过加入食醋防腐保鲜，增加风味。③防止氧化或褐变反应。大部分酸味剂具有金属螯合作用，能够与某些金属离子发生络合反应，降低金属离子的氧化催化作用，减缓食品的氧化速度。如柠檬酸能够增强抗氧化剂的抗氧化作用，延缓油脂酸败；通过加入酸味剂可降低果蔬 pH 值，起抑制褐变、护色的作用。另外，某些酸味剂具有还原性，如抗坏血酸在水果、蔬菜制品的加工中可以作为护色剂，在肉类加工产品中可作为护色助剂。

酸味剂作为重要的食品添加剂，广泛应用于食品工业。柠檬酸是食品工业中用量最大的酸味剂，是饮料、糖果和罐头中常用的食品添加剂。在有机酸市场中，柠檬酸市场占有率达 70% 以上。磷酸是美国饮料行业使用的第二大酸度调节剂，主要用于可乐类饮料中，可以和可乐型香精很好地混合。乳酸菌发酵产生大量乳酸，对于人类健康有一定的帮助（乳酸被美国食品药品监督局确认为安全优良的防腐剂和腌渍剂），可以用于清凉饮料、糖果、糕点的生产。

随着消费者对天然、健康、营养、安全的食品的需求，人们越来越广泛关注食品酸味剂的安全使用。因此，开发天然的食品酸味剂和确定其安全使用范围是今后研究酸味剂的主要方向。酸味剂的生产方法也从传统的提取法和化学合成法向天然、安全的生物发酵法、酶工程法等生物技术法发展。

食　醋

食醋是一种含醋酸的酸性调味料。古称酢，别名醯，又有苦酒之称。醋是用得较多的酸性调味料。每 100ml 醋的醋酸含量，普通醋为 3.5g 以上，优级醋为 5g 以上。由于醋能改善和调节人体的新陈代谢，作为饮食调料，需要量不断增长。

◆ 分类

醋因原料及制造方法的不同，成品风味迥异。食醋有以下几种分类方式。①按原料分类。用粮食作为原料酿制的食醋称为粮食醋或米醋；以麸皮为原料酿制的食醋称为麸醋；用薯类原料酿制的食醋称为薯干醋；以含糖物质，如糖稀、废糖蜜、糖渣、蔗糖等为原料酿制的食醋称为糖醋；用果汁或果酒酿制的食醋称为果醋；用白酒、酒精或酒糟等酿制的食醋称为酒醋；用冰醋酸加水兑制的食醋称为醋酸醋；用野生植物及中药材等配制的食醋称为代用原料醋。②按原料处理方法分类。以粮食为原料制醋，因原料的处理方法不同可分为生料醋和熟料醋。粮食原料不经过蒸煮糊化处理，直接用来制醋，酿制的食醋称为生料醋；经过蒸煮糊化处理的原料酿制的食醋称为熟料醋。③按生产工艺分类。以麸皮和谷糠为原科，纯培养的曲霉菌制成麸曲做糖化剂，以纯培养的酒精酵母做发酵剂酿制的食醋称为麸曲醋。老法曲醋是以大麦、小麦、豌豆为原料制的麦曲，为野生菌自然培育制成的糖化曲。

◆ 原料和制作方法

食醋有以下 4 类原料和制作方法。①中国传统的酿醋原料，长江以南以糯米和大米（粳米）为主，长江以北以高粱和小米为主。现多以碎米、玉米、甘薯、甘薯干、马铃薯、马铃薯干等代用。原料先经蒸煮、糊化、液化及糖化，使淀粉转变为糖，再由酵母使酒精发酵生成乙醇，然后在醋酸菌作用下产生醋酸发酵，将乙醇氧化生成醋酸。②以含糖质原料酿醋，可使用葡萄、苹果、梨、桃、柿、枣、番茄等酿制各种果汁醋，也可使用蜂蜜及糖蜜为原料。均只需经乙醇发酵和醋酸发酵两个生化阶段。法国西北部奥利安以奥利安法酿造的葡萄酒醋，曾驰名于世。③以乙醇为原料，加醋酸菌只经醋酸发酵一个生化阶段。例如，以低度白酒或食用酒精加水冲淡为原料，应用速酿法制醋，只需 1～3 天即得酒醋。④以食用冰醋酸加水配制而成白醋，以及再加调味料、香料、色料等物，使之具有近似酿造醋风味的食醋。

◆ 工艺

分固态法酿醋工艺和液态法酿醋工艺两类。

固态法酿醋工艺

传统的固态法酿醋工艺主要有 3 种。①用大曲制醋：以高粱为主要原料，利用大曲中分泌的酶，进行低温糖化与酒精发酵。酒醪再拌入多量谷糠与麸皮，进行固态醋酸发酵后，将成熟醋醅的一半置于熏醅缸内，用文火加热，完成熏醅后，再加入另一半成熟醋醅淋出的醋液浸泡，然后淋出新醋。最后，将新醋经三伏一冬日晒夜露与捞冰的陈酿过程，制成色泽黑褐、质地浓稠、酸味醇厚、具有特殊芳香的食醋。著名的有山西老陈醋。②用小曲制醋：以糯米和大米为原料，先利用小曲（又称酒药）中的根霉和酵母等微生物，在米饭粒上进行固态培菌，边糖化边发酵。再加水及麦曲，继续糖化和酒精发酵。然后酒醪中拌入麸皮成固态入缸，添加优质醋醅作种子，采用固态分层发酵，逐步扩大醋酸菌繁殖。经陈酿后，采用套淋法淋出醋汁，加入炒米色及白糖配制，澄清后，加热煮沸而得香醋。著名的有江苏的镇江香醋。③以麸皮为主料，用糯米加酒药或蓼汁制成醋母进行醋酸发酵，醋醅陈酿一年，制得风味独特的麸醋。著名的有四川保宁（今阆中）麸醋及四川渠县三汇特醋。

固态发酵法酿醋，由于是利用自然界野生的微生物，所以发酵周期长，醋酸发酵中又需要翻醅，劳动强度大。目前已采用纯种培养麸曲作糖化剂，添加纯种培养酵母菌制成的酒母，进行酒精发酵，再用纯种培养醋酸菌制成的醋母，进行醋酸发酵而制得食醋。也有采用酶法液化通风回流法，将原料加水浸泡磨浆后，先添加细菌 α- 淀粉酶加热液化，再加麸曲糖化，糖化醪冷却，加入酒母进行酒精发酵，待酒精发酵结束，将酒醪、麸皮、砻糠与醋母充分混合后，送入设有假底的醋酸发酵池中，假底下有通风洞，可让空气自然进入，利用自然通风及醋汁回流代替翻醅，并使醋醅发酵温度均匀，直至成熟。酶法液化通风回流法的产量、出醋率和劳动生产率均比传统法高。

液态法酿醋工艺

传统的液态法酿醋工艺有多种。①以大米为原料，蒸熟后在酒坛中自然发霉，然后加水成液态，常温发酵 3 ～ 4 个月。醋醪成熟后，经压榨、澄清、消毒灭菌，即得色泽鲜艳、气味清香、酸味不刺鼻、口味醇厚的成品。著名的有江浙玫瑰米醋。②以糯米、红曲、芝麻为原料，采用分次添加法，进行自然液态发酵，并经 3 年陈酿，最后加白糖配制而得成品。著名的有福建红曲老醋。③以稀释的酒液为原料，通过有填充料的速酿塔内进行醋酸发酵而成，如辽宁丹东白醋。

液态发酵法制醋也渐采用深层发酵新工艺。淀粉质原料经液化、糖化及酒精发酵后，酒醪送入发酵罐内，接入纯粹培养逐级扩大的醋酸菌液，控制品温及通风量，加速乙醇的氧化，生成醋酸，缩短生产周期。发酵罐类型较多，现已趋向使用自吸式充气发酵罐。它于 20 世纪 50 年代初期被联邦德国首先用于食醋生产，称为弗林斯醋酸发酵罐，并在 1969 年取得专利。日本、欧洲诸国相继采用。中国自 1973 年开始使用。

◆ 作用

成分中除醋酸外，还有糖分、氨基酸等营养物质，使食醋成为酸、甜、咸、鲜各种味道协调的调味品，可增加食欲。烹调过程中适当添加食醋，不但可使菜肴脆嫩爽口，还可保护维生素 C 和其他营养成分不受破坏或少受破坏。食醋还具有很多食疗作用：消化不良的人食用食醋可以帮助消食化积；夏季食用食醋可以预防肠道疾病的发生；把食醋放在房间内加热挥发，对呼吸道疾病和流行感冒有防治作用；长期食用食醋和冰糖浸泡的花生米，可以帮助软化血管，降低胆固醇；食醋还可以驱逐胆道蛔虫。此外，食醋对失眠、扭伤、便秘、晕眩等病症均有一定的辅助治疗作用。

粮谷醋

粮谷醋是以谷类或薯类为主要原料制成的酿造醋。根据原料和生产工艺不同,可将粮谷醋分为以下几类。①陈醋。以高粱等为主要原料,大曲为发酵剂,采用固态醋酸发酵,经陈酿而成的粮谷醋。②香醋。以糯米为主要原料,小曲为发酵剂,采用固态分层醋酸发酵,经陈酿而成的粮谷醋。③麸醋。以麸皮为主要原料,采用固态发酵工艺酿制而成的粮谷醋。④米醋。以大米为主要原料,采用固态或液态发酵工艺酿制而成的粮谷醋。⑤谷薯醋。以谷类(大米除外)或薯类为原料,采用固态或液态发酵工艺酿制而成的粮谷醋。⑥熏醋。将固态发酵成熟的全部或部分醋醅,经间接加热熏烤成为熏醅,再经浸淋而成的粮谷醋。

糖 醋

糖醋是以废糖蜜、糖渣、蔗糖等为主要原料酿造的食醋。

在废糖蜜、糖渣、蔗糖等含糖原料中加入醋酸菌,或者利用天然的醋酸菌发酵后过滤而成。因通过酶、酵母、醋酸菌的作用,成分里除了醋酸,还有其他挥发性有机酸类、糖类、脂类、氨基酸、有机酸,以及多种维生素、矿物质等,风味多样化,各有其特色及功效,受到大众喜爱。

以含糖原料可发酵酿造糖醋,糖醋的酿造可以分为两步:①用酵母使糖发酵生成乙醇;②在醋酸菌的作用下使乙醇发酵,将乙醇氧化生成醋酸。

糖醋对身体主要有以下益处。①有利于身体转化能量、软化血管、降低血液中的胆固醇。②有机酸利于维持人体内环境酸碱度的平衡和稳定。③经常食入少量醋,可以有效预防人体动脉硬化。

不适合糖醋的人群主要有以下几类。①第一类:胃酸过多的人或胃溃疡患者，因为糖醋含有微量"醋"，空腹时大量饮用，对胃黏膜产生的刺激作用较强，容易引起胃痛等不适。②第二类：痛风患者，因糖醋为酸性饮料，不利于血尿酸的排泄。③第三类：糖尿病患者，因为一般的糖醋含糖量都比较高，弄不好会因为摄入大量的糖而影响血糖。④第四类：正在服用某些西药者不宜喝糖醋。因为醋酸能改变人体胃肠道的酸碱度，从而使某些药物不能发挥作用。

酒　醋

酒醋是以白酒生产过程中所产生的黄水或葡萄酒为原料，用速酿造法制成的食醋。

以白酒生产过程中所产生的黄水为原料，经过二次发酵将酒精转化为醋酸，并需去毒、除臭、过滤。由白酒生产过程中所产生的黄水制成的酒醋，为红褐色，鼻闻有醋酸味，口尝醋酸带酒味，无其他怪味，酒醋含酸相当于麦麸醋酸。风味较差。多用于调制各种含酸味酱料。

葡萄酒醋被认为是葡萄酒生产过程中自发产生的一种低成本的副产品。商业化产品主要以葡萄果园中过剩或较便宜的葡萄酒为原料，经过二次发酵将酒精转化为醋酸。葡萄酒醋在欧洲是一种珍贵且常见的醋，一些葡萄酒醋以特定的原产地保护名称（PDO）销售，如西班牙南部的雪莉酒醋、韦尔瓦县醋和蒙提拉－莫里莱斯醋。几乎任何一种葡萄酒都可以制成葡萄酒醋，成品为红色或白色。高级的葡萄酒醋会指定作为原料的葡萄酒类型，如梅洛醋、霞多丽醋等。

果　醋

　　果醋是以水果为原料，接入乳酸菌和醋酸菌发酵制成的特殊调味品。

　　果醋通常采用两步式发酵，即乳酸菌将糖类转化为酒精，醋酸菌发酵酒精生产醋酸。不同果醋、不同醋酸菌的发酵工艺参数不尽相同。

　　果醋发酵的方法有固态发酵法、液态发酵法、固液发酵法，因水果的种类和品种不同而定。一般以梨、葡萄、桃和沙棘等含水多、易榨汁的果实为原料时，宜选用液态发酵法；以山楂、枣等不易榨汁的果实为原料时，宜选用固态发酵法；固液发酵法选择的果实介于前两者之间。市场上的果醋和果醋饮料有山楂醋、中华猕猴桃醋、柿子醋、麦饭石保健醋、葡萄醋、蜂蜜醋、菠萝醋、苹果醋、梨醋、黑糖醋、沙棘醋等。

　　发酵过程中，微生物将水果中的大部分糖转化为有机酸。水果原料中的各类维生素、矿物质、氨基酸等营养物质损失较少，保留在果醋成品内。因此果醋产品保留了水果本身的营养元素，还丰富了产品中有机酸的种类与含量。水果发酵过程中通过糖酵解产生的大量丙酮酸可在有氧条件下参与人体的柠檬酸循环，从而促进有氧代谢，加速沉积乳酸的清除，达到消除疲劳的作用。果醋中含有的锌、钾等矿物元素参与人体代谢后会生成碱性物质，有助于维持血液酸碱平衡。

再制醋

　　再制醋是在酿造醋中添加各种辅料配制而成的食醋系列花色品种。辅料并未参与醋酸发酵过程，故称再制醋。

再制醋的生产工艺流程为：原料→浸泡→粉碎→液化→糖化→酒精发酵→醋酸发酵→过滤→添加辅料→灭菌→沉淀→成品。

凡含有淀粉质、糖质、酒精的材料都可以作为酿醋的原料。常用于酿醋的原料主要有粮食、薯类、农副产品和果蔬。不同的原料会赋予食醋成品不同的风味。

辅料一般采用细谷糠、麸皮、豆粕等。辅料可以强化微生物活动所需的营养物质，增加食醋中糖分和氨基酸的含量，还可起吸收水分、疏松醋醅、贮存空气的作用。辅料可赋予再制醋新的风味口感，如在酿造醋成品中添加鱼露或虾粉、五香液、姜汁、砂糖，可分别制成海鲜醋、五香醋、姜汁醋、甜醋。

柠檬酸

柠檬酸

柠檬酸是以淀粉或糖质为原料经微生物发酵制成的一种重要的有机酸。又称枸橼酸。

无色晶体，常含一分子结晶水，无臭，有很强的酸味，易溶于水，其钙盐在冷水中比热水中易溶解，此性质常用来鉴定和分离柠檬酸。结晶时控制适宜的温度可获得无水柠檬酸。

◆ **生产简史**

在植物如柠檬、柑橘、菠萝等果实和动物的骨骼、肌肉、血液中都含有柠檬酸。1784 年，C.W. 舍勒首先从柑橘中提取柠檬酸。发酵法制取柠檬酸始于 19 世纪末。1893 年,C. 韦默尔发现青霉(属)菌能积累柠檬酸。1913 年,E.B. 扎霍斯基报道黑曲霉能生成柠檬酸。1916 年,C. 汤姆和 J.N. 柯里以曲霉属菌进行试验,证实大多数曲霉菌如泡盛曲霉、米曲霉、温氏曲霉、绿色木霉和黑曲霉等都具有产柠檬酸的能力,而黑曲霉的产酸能力更强。1923 年,美国建造了世界上第一家以黑曲霉浅盘发酵法生产柠檬酸的工厂。随后比利时、英国、德国、苏联等相继研究成功用发酵法生产柠檬酸。1950 年前,柠檬酸采用浅盘发酵法生产。1952 年,美国迈尔斯实验室采用深层发酵法大规模生产柠檬酸。此后,深层发酵法逐渐建立,并成为柠檬酸生产的主要方法。

中国用发酵法制取柠檬酸以 1942 年汤腾汉等报告为最早。1952 年,陈声等开始用黑曲霉浅盘发酵制取柠檬酸。1966 年后,天津市工业微生物研究所、上海市工业微生物研究所相继开展用黑曲霉进行薯干粉原料深层发酵柠檬酸的试验研究,并获得成功,从而确定了中国柠檬酸生产的这一主要工艺路线。

随着生物技术的进步,2021 年全世界柠檬酸产量已达 219 万吨。中国 2021 年产量约 138 万吨。在柠檬酸发酵技术领域,由于高产菌株的应用和新技术的不断开拓,柠檬酸原料结构、发酵和提取收率都有明显改变和提高。

◆ **生产过程**

柠檬酸生产分发酵和提取两部分。

柠檬酸的发酵因菌种、工艺、原料而异,但在发酵过程中还需掌握一定的温度、通风量及 pH 等条件。一般认为,黑曲霉适合在

28 ～ 30℃ 时产酸。温度过高会导致菌体大量繁殖，糖被大量消耗以致产酸降低，同时还生成较多的草酸和葡萄糖酸；温度过低则发酵时间延长。微生物生成柠檬酸要求低 pH，最适 pH 为 2 ～ 4，这不仅有利于生成柠檬酸，减少草酸等杂酸的形成，同时可避免杂菌的污染。

在柠檬酸发酵液中，除主要产物外，还含有其他代谢产物和一些杂质，如草酸、葡萄糖酸、蛋白质、胶体物质等，成分十分复杂，必须通过物理和化学方法将柠檬酸提取出来。大多数工厂仍采用碳酸钙中和及硫酸酸解的工艺提取柠檬酸。此外，还研究成功树脂吸附离子交换法提取柠檬酸。

◆ 应用

柠檬酸的用途十分广泛。柠檬酸产量的 70% 用作食品加工的调味剂。一分子结晶水柠檬酸主要用作清凉饮料、果汁、果酱、水果糖和罐头等酸性调味剂，也可用作食用油的抗氧化剂。无水柠檬酸大量用于固体饮料。柠檬酸的盐类如柠檬酸钙和柠檬酸铁是某些需要添加钙离子和铁离子的食品强化剂。柠檬酸的酯类，如柠檬酸三乙酯可作无毒增塑剂，制造食品包装用塑料薄膜。可通过释放氢离子，降低食品的 pH，有抑制微生物的作用，可增强杀菌效果。与金属离子的螯合能力较强，可用作金属螯合剂。可用作色素稳定剂，防止果蔬褐变。可增强抗氧化剂的抗氧化作用，延缓油脂酸败。与蔗糖并用，加热时可促使蔗糖转化，既可防止食品中蔗糖析晶、返砂，又易使食品吸湿。但柠檬酸与防腐剂山梨酸钾、苯甲酸钠等溶液同时添加，会形成难溶于水的山梨酸—苯甲酸结晶而降低防腐效果，必要时可分别先后添加。

酒石酸

酒石酸学名 2,3- 二羟基丁二酸，分子式 HOOCCH(OH)CH(OH)COOH。

酒石酸氢钾存在于葡萄汁内，此盐难溶于水和乙醇，在葡萄汁酿酒过程中沉淀析出，称为酒石，酒石酸的名称由此而来。酒石酸主要以钾盐的形式存在于多种植物和果实中，也有少量是以游离态存在的。

酒石酸分子中含有两个（相同的）手性碳原子，存在右旋酒石酸、左旋酒石酸和内消旋酒石酸 3 种立体异构体。

等量右旋酒石酸和左旋酒石酸的混合物的旋光度为零（性相互抵消），称为外消旋酒石酸。各种酒石酸均是易溶于水的无色结晶。

右旋酒石酸存在于多种果汁中，工业上常用葡萄糖发酵来制取。左旋酒石酸可由外消旋体拆分获得，也存在于马里的羊蹄甲的果实和树叶中。外消旋体可由右旋酒石酸经强碱或强酸处理制得，也可通过化学合成，例如，由反丁烯二酸用高锰酸钾氧化制得。内消旋体不存在于自然界中，它可由顺丁烯二酸用高锰酸钾氧化制得。

酒石酸与柠檬酸类似，可用于食品工业，如制造饮料。酒石酸和单宁合用，可作为酸性染料的媒染剂。酒石酸能与多种金属离子络合，可作金属表面的清洗剂和抛光剂。

酒石酸钾钠又称为罗谢尔盐，可配制费林试剂，还可作医药上的缓泻剂和利尿剂。酒石酸钾钠晶体具有压电性质，可用于电子工业。酒石酸锑钾为呕吐剂，又称吐酒石，并可治疗日本血吸虫病。

苹果酸

苹果酸学名羟基丁二酸，分子式 $HOOCCHOHCH_2COOH$。广泛存在于未成熟的水果，如苹果、葡萄、樱桃、菠萝、番茄中。

苹果酸分子中含有一个手性碳原子，有两种对映异构体，即左旋苹果酸和右旋苹果酸。

天然存在的为左旋苹果酸，为无色结晶；熔点 $100℃$，加热至 $140℃$ 左右即分解成丁烯二酸；溶于水、乙醇、丙酮中。苹果酸含有羧基和羟基，具有这两种官能团的性质，例如，与醇作用形成单酯或双酯。苹果酸可以形成环状酸酐或交酯。

由反丁烯二酸钙经延胡索酶发酵水合，首先生成左旋苹果酸钙，酸化后得左旋苹果酸。若将丁烯二酸经高温高压催化加水，可生成外消旋苹果酸。右旋苹果酸可由外消旋体拆分制得。

苹果酸无毒，广泛用于食品工业，如制造饮料。苹果酸钠是无盐饮食的调味品。苹果酸酯可作人造奶油和其他食用油脂的添加剂。苹果酸也是制造醇酸树脂的重要单体。

乳　酸

乳酸学名 2- 羟基丙酸，分子式 $CH_3CHOHCOOH$。存在于酸牛奶和血液中，肌肉运动时也生成乳酸。

乳酸是一个最有代表性的光活性化合物，它含有一个手性碳原子，存在右旋乳酸和左旋乳酸两种对映异构体。

乳酸吸湿性强，一般呈浆状液体，若经减压蒸馏和分步结晶，可得纯晶体。相对密度1.2060（21/4℃）。右旋体和左旋体的熔点都是53℃，外消旋体的熔点为16.9℃。

乳酸分子中存在羟基和羧基，具有这两种官能团的性质，它既能与醇生成乳酸酯，又能与酸酐生成羧酸酯。在脱水剂存在下，两分子乳酸间的羟基和羧基彼此进行酯化，生成丙交酯。

交酯开环聚合后得到的聚乳酸为一种新型的生物降解材料。乳酸经温和氧化生成丙酮酸；如经强烈氧化，则发生碳链断裂，生成乙醛、二氧化碳和水。

左旋乳酸可由葡萄糖经乳酸杆菌发酵产生，乳酸的外消旋体可由酸牛奶中取得或合成制得。

乳酸不挥发、无气味，广泛用作食品工业的酸性调味剂。它的酸性较强，医药上用作防腐剂，还可作皮革生产中的除钙剂。乳酸钙是医药上的补钙剂。乳酸酯是硝化纤维的溶剂。

第 3 章

甜味剂

甜味剂

甜味剂是一种赋予食品以甜味的食品添加剂。按来源有天然和人工合成之分。天然甜味剂又分糖和糖的衍生物，以及非糖天然甜味剂。通常所说的甜味剂是指人工合成甜味剂、糖醇类甜味剂和非糖天然甜味剂3类。甜味剂按照来源可分为天然甜味剂和人工合成甜味剂。天然甜味剂又分糖和糖的衍生物，以及非糖天然甜味剂。通常所说的甜味剂是指人工合成甜味剂、糖醇类甜味剂和非糖天然甜味剂3类。

甜味剂按照营养价值可分为营养性甜味剂和非营养性甜味剂。按照化学结构和性质分为糖类甜味剂和非糖类甜味剂。糖类甜味剂如蔗糖、葡萄糖、果糖、麦芽糖、果葡糖浆等在中国通常称为糖，并被视为食品；低聚果糖、低聚异麦芽糖、低聚半乳糖等除具有一些甜度外，还具有一定生理活性，多归于食品配料，一般不作为食品添加剂管理；仅蔗糖、葡萄糖、果糖、麦芽糖、果葡糖浆等糖类和非糖类甜味剂作为食品添加剂管理。

一般用相对甜度来表示甜味剂的强度，简称甜度。甜度是甜味剂的重要指标，但不能用物理和化学方法测定，只能通过人的味觉品尝而确定。测定甜度的方法有两种：①将甜味剂配成可被感觉出甜味的最低浓度，即极限浓度，称极限浓度法。②将甜味剂配成与蔗糖浓度相同的溶液，然后以蔗糖溶液为标准比较该甜味剂的甜度，称相对甜度法。

甜味剂的优点包括：①甜度较高；②不参与机体代谢，不提供能量，尤其适合糖尿病人、肥胖人群和老年人等需要控制能量和碳水化合物摄入的特殊消费群体使用；③不是口腔微生物的作用底物，不会引起牙齿龋变。

食品的甜味是人们最喜爱的基本口感。甜味是调整和协调平衡风味、掩盖异味、增加适口性的重要因素。甜味剂不仅满足消费者对甜味、口感和风味等感官的需求，同时也满足很多食品生产工艺的需要。甜味剂是一类重要的食品添加剂，部分品种使用历史长达100多年。合理使用甜味剂是安全的，但仍需高度关注甜味剂的超范围、超限量使用。世界范围内无糖、低糖食品和饮料产品的开发速度较快，甜味剂部分替代糖的摄入已是全球范围内的一种发展趋势。从长远看，低热量、高甜度、功能性的非营养性天然甜味剂和复配甜味剂将是甜味剂发展的重要方向。

糖

糖是一种含多羟基的醛或酮的化合物。主要由C、H、O三种元素组成，分子中H和O的比例通常为2：1，与水分子中的比例相同，故俗称碳水化合物。

糖是为人体提供热能的三种主要的营养素中最廉价的营养素。食物中的糖可分成两类：一类是人类可以吸收利用的，如单糖、双糖、多糖；另一类是人类不能消化的，如纤维素。

糖是一切生物体维持生命活动所需能量的主要来源，不仅是营养物质，有些还具有特殊的生理活性。糖不仅以多糖或寡糖（寡糖通常是指由少于 20 个糖基组成的糖链）的游离形式直接参与生命过程，还以糖缀合物的形式参与生命活动。

部分糖天然存在于食物中（如水果中的果糖、蜂蜜中的葡萄糖、乳中的乳糖等），其他则是添加于食物中。

常见的添加糖的食物包括蛋糕、酥皮糕点、饼干、果汁饮品、浓缩果汁和碳酸饮品（俗称汽水）等。

蔗 糖

蔗糖由葡萄糖的半缩醛羟基和果糖的半缩酮羟基缩合脱水而成。是二糖的一种。

无色晶体，具有旋光性，但在溶液中不发生变旋现象，也不发生银镜反应。蔗糖高温下不熔化，加热到 186℃ 发生分解得到焦糖，通过发酵过程得到的焦糖可以用作酱油的增色剂。蔗糖能燃烧，燃烧产物为水和二氧化碳。

蔗糖在水溶液中能发生水解，得到葡萄糖和果糖，但水解速率非常缓慢，在酸性水溶液中水解速率加快，在蔗糖酶的作用下，蔗糖的水解速率大大加快。进入胃部的蔗糖能在胃酸的作用下发生水解，释放出能被人体吸收的葡萄糖和果糖。

蔗糖具有甜味,广泛地被用作食物甜味剂,也能用作防腐剂,在食品工业中具有重要地位。蔗糖主要从自然界中分离得到,尤其以甘蔗和甜菜作为主要来源,是植物光合作用的产物。

麦芽糖

麦芽糖是由两分子葡萄糖通过 α-1,4 葡萄糖苷键所构成的双糖。化学名称是 4-O-α-D- 六环葡萄糖基 -D- 六环葡萄糖(分子式 $C_{12}H_{22}O_{11}$)。由于羟基位置不同而有两种异构体。

麦芽糖的甜度为蔗糖的 40%,物理性质与蔗糖大致相同。麦芽糖的吸湿性低,含一分子结晶水的麦芽糖非常稳定,在 120 ~ 130℃ 熔融,适于在食品的表面挂糖衣。用于食品加工的麦芽糖产品有浆状和粉状两种剂型。

麦芽糖浆一般含麦芽糖 50% 左右,而将麦芽糖含量在 50% ~ 70% 的产品称为高麦芽糖浆,将麦芽糖含量超过 70% 的产品称为超高麦芽糖浆。如要制成麦芽糖含量 90% 以上的麦芽糖全粉,可用含麦芽糖 70% 以上的超高麦芽糖浆经真空浓缩、结晶、喷雾干燥制成。纯麦芽糖可用含麦芽糖 80% ~ 90% 的超高麦芽糖浆,选择结晶或吸附、有机溶剂沉淀、膜分离等方法来制造。医学上,用纯麦芽糖做静脉滴注不易引起血糖升高。高麦芽糖浆的制造在切枝酶(普鲁兰酶、异淀粉酶)未生产之前,是用酒精将饴糖中的糊精沉淀出来,反复精制而成,收率低,价格较高;自切枝酶投产后,生产中采用普鲁兰酶与 β- 淀粉酶协同作用的新工艺,淀粉水解完全,可得到含麦芽糖 90% 的超高麦芽糖浆,是制造硬糖果的优质原料。

果　糖

果糖是一种六碳糖。主要存在于果实中。

果糖和葡萄糖是同分异构体，分子式为$C_6H_{12}O_6$，葡萄糖为醛己糖，果糖为酮己糖，通过异构化能互相转变。果糖是糖类中较甜的糖，其甜度是蔗糖的 1.5 倍、葡萄糖的 2 倍。

工业化生产果糖以淀粉为原料，经 α- 淀粉酶液化成糊精，由糖化酶将糊精转化成葡萄糖，通过葡萄糖异构酶等生产工艺将葡萄糖的一部分转化成果糖，成为含有果糖和葡萄糖的混合糖浆（简称果葡糖浆）。按果糖含量，果葡糖浆分为三类：第一代果葡糖浆（F42 型）含果糖42%；第二代果葡糖浆（F55 型）含果糖 55%；第三代果葡糖浆（F90型）含果糖 90%。不同果糖含量的果葡糖浆的生产工序包括：淀粉液化、糖化、脱色过滤、离子交换、异构化、脱色过滤、离子交换、浓缩（得到 42% 果葡糖浆）、吸附分离（得到 90% 纯果糖浆）、结晶分离（得到 55% 果葡糖浆）。

果糖被预测为 21 世纪全球代替蔗糖、葡萄糖的新型功能性糖源。许多国家利用果糖来制造低能量食品、婴儿食品、病弱者食品等营养食品和疗效食品。果糖用于口服或注射，对许多疾病都有较好的疗效，如肝炎、肝硬化、糖尿病、心血管疾病及作为中毒症的解毒剂等。但由于果糖的长期健康风险问题，未来食品和饮料中对果糖的需求会逐步减少，或减少使用玉米生产的果糖，增加其他来源（如水果和蔬菜）的天然甜味剂的使用。

果葡糖浆

果葡糖浆是以淀粉为原料，利用酶法对淀粉依次进行液化、糖化和异构化所制得的由葡萄糖和果糖组成的混合糖糖浆。

国际上根据混合糖糖浆中的果糖含量，将其分为果葡糖浆（F42型，果糖含量42%）、高果葡糖浆（F55型，果糖含量55%）和高纯果葡糖浆（F90型，果糖含量90%）三类。

果葡糖浆作为一种可以完全取代蔗糖的甜味剂，具有优良的感官性能、物理性能、化学性能和生物性能。

①感官性能。果葡糖浆中含有较多果糖（42% ～ 90%），具有与蔗糖相似的甜度。低温环境下，β型果糖会转化成甜度更高的α型果糖，因此果葡糖浆具有较强的冷甜特性。

②物理性能。果葡糖浆可以通过构建高糖环境，在果酱、蜜饯类等需要依靠高糖环境抑菌保藏的食品生产中大量使用。果葡糖浆中果糖的不定形结构使其很容易从空气中吸收水分，使果葡糖浆具有较好的持水能力，用于面包生产可使面包保持松软，并延长产品的货架期。此外，果葡糖浆还具有一定的抗结晶性能。

③化学性能。果葡糖浆中的果糖是一种还原糖，具有一定的还原性能，较葡萄糖受热更易分解，发生美拉德反应，赋予食品独特的颜色与风味，广泛应用于酸性饮品生产。

④生物性能。果葡糖浆中的果糖作为单糖，相较于蔗糖，可以直接

被酵母菌发酵利用,发酵速度快,可以提高面包等需酵母发酵食品的产品质量与生产效率。

红 糖

红糖是甘蔗汁用石灰法清净处理后,直接煮成不经分蜜的棕红色或黄褐色的糖。包括红糖粉、片糖等。

片糖是一种长条片状的带蜜糖。纯度较低,总糖分(蔗糖加还原糖)90% 左右。表面为棕黄色,有蜡光面。中间有一层白色的细小晶粒,俗称砂心。味甜并有甘蔗糖蜜的香味,是中国南方人喜爱的一种食糖。传统的生产方法是甘蔗经提汁、加热,用石灰中和并撇去上层糖泡,开口锅蒸发至 127 ～ 128℃,盛入糖盆用木棍搅拌刺激起晶(俗称打砂),然后倒在糖床上,刮干、自然冷却、划线、分片和包装。片糖的机械化生产采用清净、多效蒸发、连续煮制、连续成型、划线、冷却、分片和包装等工序。

红粉糖是一种不均匀粉粒状带蜜糖。总糖分 90% 左右,呈棕色或棕黄色。入口易化,可口,带有甘蔗糖蜜的香味。是中国人喜爱的一种传统消费食糖。生产方法与片糖基本相同。但打砂时加入少量碳酸氢钠,生成大量气泡,经充分混合搅拌使成粉状。

绵白糖

绵白糖是晶粒较细的白砂糖与适量的转化糖浆均匀混合而得的糖。又称棉糖。可分精制、优级等。晶体较细,0.3 ～ 0.4 毫米。含蔗糖

95% ～ 97%、转化糖 2% ～ 3%、水分 1% ～ 2%。转化糖在分蜜时加入。入口松软、易溶。多用于糕点业和家庭消费。

精　糖

用原糖（粗糖）或其他糖液，经精炼处理后制成的糖。又称精炼糖、精制糖。

有精制白砂糖和精制绵白糖等。含蔗糖 99.9% 以上，颜色洁白。依据晶体大小及各产糖国习惯分成粗砂、中砂、细砂及幼砂糖等等级。用于饮料、糖果、罐头和面包等食品工业和医药工业，同时也是家庭的主要食用糖。精糖以粗糖为原料，经蜜洗、溶糖、清净、过滤、脱色、结晶、分蜜及干燥等工序而成。

液体糖

液体糖是以白砂糖、绵白糖、精制的糖蜜或中间制品为原料，经加工或转化工艺制炼而成的一种食用糖。是含蔗糖浓度为 67 ～ 68°Bx 的蔗糖水溶液；或是以转化糖和蔗糖按一定比例混合成浓度为 76 ～ 77°Bx 的溶液。

液体糖是一种区别于白砂糖、冰糖、红糖、糖霜等固体糖的液体糖类，通常比固体糖使用更方便，因为不结晶而成本更低。无色或呈淡黄色。供食用或食品工业应用。以甜菜糖或甘蔗糖为原料，经溶解、脱色精制而成。转化糖液采用强酸型阳离子交换树脂或用盐酸将蔗糖水解。液体糖在贮运过程中应不析出晶体。果葡糖浆亦被列为液体糖。液体糖加酸可使其中的部分蔗糖转化成果糖和葡萄糖，用在饮料工业中。

原　糖

原糖是甘蔗汁经石灰法清净处理后制成的砂糖。又称粗糖。带有糖蜜，成淡黄色。含蔗糖 97% 左右。主要做生产精糖的原料。粗糖精炼的生产过程包括提汁、石灰法清净、蒸发、结晶及分蜜等工序。

赤砂糖

赤砂糖是一种棕红色或黄褐色的带蜜砂糖。是纯度较低的一种砂糖。晶粒较小，表面带有糖蜜，味甜并略带甘蔗糖蜜香味，蔗糖与还原糖总含量不少于 89%。在生产甘蔗白砂糖或炼糖时，最后一级结晶所得糖即为赤砂糖。

冰　糖

冰糖是砂糖经再溶、清净处理和重结晶而制得的大颗粒结晶糖。一种中国的传统食糖。有单晶体和多晶体两种，呈透明或半透明状。其中，单晶体冰糖含蔗糖 99.5% ～ 99.70%，晶体尺寸基本均匀，每千克单晶冰糖粒数为 500 ～ 700 粒，结晶设备采用摇摆式真空结晶罐，以适应各个晶体长成大颗粒单晶体糖的需要。

冰糖的特点是晶体粘结成冰块状，不易潮解，便于贮藏。用白砂糖为原料，加水配成 55 ～ 65°Bx，加豆浆 0.2% 并加热至 90 ～ 100℃ 进行清净，加热浓缩至 114℃，放入镀锌铁盆结晶。在常温下静置约 10

天便成冰糖，经 24 小时焙干即可包装。冰糖母液可用以生产冰片糖。其生产方法与片糖相同。

白砂糖

白砂糖是甘蔗、甜菜汁或原糖液用亚硫酸法或碳酸法等清净处理后，经浓缩、结晶、分蜜及干燥所得的洁白砂糖。又称耕地白糖。

含蔗糖 99.6% ~ 99.8%，颜色洁白。按晶体大小分为细砂糖（0.8 ~ 1.0 毫米）、中砂糖（1.0 ~ 1.2 毫米）和粗砂糖（1.2 ~ 1.4 毫米）。甘蔗白砂糖的生产方法采用亚硫酸法或碳酸法，甜菜白砂糖的生产方法采用碳酸法。

方块糖

方块糖是由粒度适中的白砂糖（或精致白砂糖）加入少量水或糖浆，经压（或铸）制成小方块的糖。又称方糖。有方糖和半方糖两种。多用于茶、咖啡、牛奶和其他饮料，在饮用前加入。使用方便。生产精糖的国家均生产方糖。

木糖醇

木糖醇是木糖衍生出的糖醇。分子式 $C_5H_{12}O_5$。通常为无色或白色固体，极易溶于水，微溶于乙醇与甲醇。

木糖醇是内消旋体。亚稳态结晶木糖醇的熔点为 61 ~ 61.5℃，稳定态结晶木糖醇的熔点为 93 ~ 94.5℃。木糖醇是从橡树、白桦树、甘蔗渣、玉米芯等植物原料中提取出的一种天然甜味剂，是已知最甜的糖醇。在自然界，木糖醇广泛存在于各种蔬菜、水果及谷物当中，但含量甚低。工业生产木糖醇大都选用含有木聚糖一类的农副产品，如玉米芯、甘蔗渣、棉籽皮、桦木片等，以化学或微生物酶的方法水解制取 D- 木糖，再由 D- 木糖在压力下催化加氢制备。

木糖醇是 D- 葡萄糖代谢的重要中间体，其代谢通过葡萄糖醛酸途径，不需要胰岛素参与，因此适合做糖尿病人的食品。每克木糖醇含有 2.4 卡（约 10 焦耳）热量，比其他大多数碳水化合物的热量少 40%，可用作高热量白糖的代替品帮助减肥。木糖醇结晶溶解时吸收热量，还具有抗龋和防龋的特性，在嘴里有清凉感觉，能增加薄荷、柠檬、留兰香食品的风味，口香糖中常添加木糖醇 10% ~ 15%。

甘露糖醇

甘露糖醇是一种天然糖醇。又称甘露醇。国际纯粹与应用化学联合会（IUPAC）命名为 (2R,3R,4R,5R)-hexane-1,2,3,4,5,6-hexaol；分子式为 $C_6H_{14}O_6$，分子量为 182.17。

比旋光度 [α]D 为 +137° ~ +145°；性状为白色结晶或结晶性粉末，晶型多样，无臭、味甜；熔点 166 ~ 168℃；在水中易溶解，在乙醇中略溶解，在乙醚等其他常用有机溶剂中几乎不溶解；化学性质稳定，不易被微生物发酵、被空气氧化或与酸碱发生反应。广泛存在于海藻、植物、地衣、菌类等生物体中。

化学史上一般认为，甘露糖醇是法国化学家 J.-L. 普鲁斯特于 1806 年首次从甘露蜜树中分离得到的，并因此而得名。1833 年，德国化学家 J.von 李比希首次确定了它的结构。

在中国，11 世纪或更早，虽然并未有甘露糖醇的名称，但是人们已经可以生产得到甘露糖醇纯度较高的柿霜；在明清时期，柿霜也被作为一种常用药物记载在《本草纲目》等书中。现代工业上生产甘露糖醇的主要工艺有两种，一种是以海带为原料进行提取的海带提取法，另一种是以果糖和葡萄糖为原料进行高温高压催化加氢的化学合成法。

甘露糖醇在食品、医药、化工及生物化学等领域都有着非常广泛的应用。《中华人民共和国药典》（2015）中，甘露糖醇项下定义的类别为脱水药；甘露糖醇也可作为填充剂和黏合剂应用于片剂或咀嚼片的制备；可作为脱水剂或渗透性利尿药应用于临床，是治疗急性肾功能衰竭、急性青光眼、脑内压升高、水肿等疾病的药物；同时也是糖尿病患者的代用糖类。甘露糖醇具有多元醇的化学性质，可以发生氧化、酯化、醚化等反应，在化学工业生产中，是表面活性剂、D- 甘露醇硬脂聚氨酯泡沫塑料、醇酸树脂、植物生长调节剂、电镀液稳定剂等重要原料。

糖 精

糖精是一种高甜度的非营养性食品添加剂。糖精、糖精胺、糖精钙、糖精钾和糖精钠均为通用名称。

化学名邻苯甲酰磺酰亚胺。可分为水不溶性和水溶性两种形式。水不溶性糖精的化学名称为邻苯甲酰磺酰亚胺，相对分子量 183.18，熔点 228.8 ～ 229.7℃，微溶于水、乙醚和氯仿，溶于乙醇、乙酸乙酯、苯和丙酮。水溶性糖精为其钠盐，化学名称为邻苯甲酰磺酰亚胺钠，是常用的甜味剂，分子式为 $C_6H_4SO_2NNaCO \cdot 2H_2O$，分子量为 241.2，无色至白色正交晶系板状结晶或白色结晶性风化粉末，熔点 226～230℃，易溶于水。低浓度糖精钠味甜，浓度大于 0.026% 则味苦，在稀溶液中的甜度可高达蔗糖的 500 倍。耐热及耐碱性弱，溶液煮沸可分解使甜味减弱，酸性条件下加热甜味消失，并可形成苦味的邻氨基磺酰苯甲酸。

主要由甲苯、氯磺酸、邻甲苯胺等化工原料人工合成制得。在中国允许作为食品甜味剂、增味剂。允许应用的食品名称及最大使用量（克/千克，以糖精汁）分别为：冷冻饮品但不包括食用冰（0.15），杜果干、无花果干（5.0），果酱（0.2），蜜饯凉果（1.0），凉果类（5.0），话化类（5.0），果糕类（5.0），腌渍的蔬菜（0.15），新型豆制品（1.0），熟制豆类（1.0），带壳熟制坚果与籽类（1.2），脱壳熟制坚果与籽类（1.0），复合调味料（0.15），配制酒（0.15）。由于糖精钠安全性一直存在争议，在欧美国家的使用量不断减少，中国政府也采取相应政策减少糖精钠的使用，并规定不允许在婴儿食品中使用。其每日允许摄入量为 0～5 毫克/千克体重。

甜蜜素

甜蜜素是由氨基磺酸与环己胺及 NaOH 反应而制成的低热值新型甜味剂。又称浓缩糖或甜素。

化学名称为环己基氨基磺酸钠，分子式 $C_6H_{12}NNaO_3S \cdot nH_2O$（无水型，$n=0$，相对分子质量 201.22；结晶型，$n=2$，相对分子质量 237.25），是环氨酸盐类甜味剂的代表，甜度约为蔗糖的 50 倍。为白色针状、片状结晶或结晶状粉末，熔点265℃，水溶性≥100g/L（20℃），几乎不溶于乙醇、乙醚、苯和氯仿，对热、光和空气稳定。加热后略有苦味，分解温度约为280℃，不发生焦糖化反应。甜味呈现较慢，但持续时间长，甜味较纯正，可替代蔗糖或与蔗糖混合使用。也可以和糖精混合使用，以掩蔽糖精的不良味觉，与糖精的使用比例为10∶1时产品风味效果较好。

甜蜜素是一种非营养型合成甜味剂，一般认为过量使用可能影响健康，美国、英国、日本、加拿大等国家禁止将其用作食品添加剂。中国允许甜蜜素作为甜味剂使用，但是有严格限量要求，GB 2760—2014《食品安全国家标准 食品添加剂使用标准》中对甜蜜素的使用范围和最大添加量（按以环己基氨基磺酸计）有明确规定：可用于冷冻饮品（食用冰不能使用）、水果罐头、腐乳类、饼干、复合调味料、饮料类（包装饮用水不能使用）、配制酒和果冻，最大使用量为0.65克/千克；可用于果酱、蜜饯凉果、腌渍的蔬菜和熟制豆类，最大使用量为1.0克/千克；可用于脱壳熟制坚果与籽类，最大使用量为1.2克/千克；可用于面包和糕点，最大使用量为1.6克/千克；可用于凉果类、话化类和果糕类，最大使用量为8.0克/千克。其每日允许摄入量为0~11毫克/千克体重。

乙酰磺胺酸钾

乙酰磺胺酸钾是由异氰酸氟磺酰或异氰酸氯磺酰与各种活性亚甲基化合物（包括α-未取代酮、β-二酮、β-酮酸和β-酮酯等）加工而成的食品添加剂。又称安赛蜜。

分子式 $C_4H_4SKNO_4$，相对分子质量 201.24。为无色或白色、无臭，有强烈甜味的结晶性粉末，易溶于水，难溶于乙醇等有机溶剂。甜度约为蔗糖的 200 倍，是一种非营养型合成甜味剂。稳定性高，耐光，耐热。1967 年由德国赫斯特公司发明，1983 年被英国批准作为甜味剂，中国于1992 年批准使用。现有研究表明，按照标准规定合理使用不会对人体健康造成危害。GB 2760—2014《食品安全国家标准 食品添加剂使用标准》对乙酰磺胺酸钾的使用范围和最大添加量有明确规定：可用于风味发酵乳，最大使用量为 0.35 克 / 千克；可用于胶基糖果，最大使用量为 4.0克 / 千克；可用于熟制坚果与籽类，最大使用量为 3.0 克 / 千克；可用于糖果，最大使用量为 2.0 克 / 千克；可用于餐桌甜味料，最大使用量为 0.04克 / 份；可用于酱油，最大使用量为 1.0 克 / 千克；可用于乳基甜品罐头、冷冻饮品（饮用冰除外）、水果罐头、果酱、蜜饯类、腌制的蔬菜、加工食用菌和藻类、杂粮罐头、黑芝麻糊、谷类甜品罐头和烘焙食品，最大使用量为 0.3 克 / 千克。每日允许摄入量为 0 ~ 15 毫克 / 千克体重。

甜菊糖苷

甜菊糖苷是从甜叶菊的叶、茎中提取的分子，其中一部分连着一个糖类部位的化合物。又称甜菊苷。

为白色至浅黄色粉末或晶体状形态，易吸湿，易溶于水、乙醇和甲醇，不溶于苯、醚、氯仿等有机溶剂，对热、酸、碱、盐稳定。为非发酵性物质，不会使食品着色。

甜菊糖苷有清凉甜味，甜度为蔗糖的 250 ～ 450 倍，是天然甜味剂中最接近蔗糖的一种。甜味纯正，残留时间长，有轻快凉爽感，浓度高时带有轻微的类似薄荷醇的苦味及一定程度的涩味。一般条件下，在 pH 大于 9 或小于 3 时加热会分解，甜度下降。对其他甜味剂有增强和改善作用，如可增强甘草素或蔗糖的甜味。食用后不被人体吸收，不产生热量，故可作为糖尿病、肥胖病患者良好的非糖天然甜味剂。中国 GB 2760—2014《食品安全国家标准 食品添加剂使用标准》规定：甜菊糖苷可作为甜味剂用于风味发酵乳，最大使用量为 0.2 克 / 千克（以甜菊醇当量计，下同）；可用于冷冻饮品（食用冰除外），最大使用量为 0.5 克 / 千克；可用于蜜饯凉果，最大使用量为 3.3 克 / 千克；可用于熟制坚果与籽类，最大使用量为 1.0 克 / 千克；可用于糖果，最大使用量为 3.5 克 / 千克；可用于糕点，最大使用量为 0.33 克 / 千克；可用于餐桌甜味料，最大使用量为 0.05 克 / 份；可用于调味品，最大使用量为 0.35 克 / 千克；可用于饮料（包装饮用水除外），最大使用量为 0.2 克 / 千克（固体饮料按稀释倍数增加使用量）；可用于果冻，最大使用量为 0.5 克 / 千克（果冻粉按冲调倍数增加使用量）；可用于膨化食品，最大使用量为 0.17 克 / 千克；可用于茶制品（包括调味茶和代用茶类），最大使用量为 10.0 克 / 千克。

三氯蔗糖

三氯蔗糖是蔗糖分子上的 4-、1-、6- 位羟基被氯原子取代制得的化合物。又称蔗糖素、蔗糖精。

化学名称为 4,1,6- 三氯 -4,1,6- 三脱氧半乳型蔗糖，分子式为 $C_{12}H_{19}O_8Cl_3$，相对分子质量 397.64。通常为白色粉末状产品，极易溶于水和乙醇，且溶液热稳定性好。性质稳定，化学稳定性高。甜味特性十分类似蔗糖，甜味纯正，但甜度为蔗糖的 600 倍，是世界公认的强力甜味剂。

三氯蔗糖是唯一以蔗糖为原料生产的功能性甜味剂。不被人体吸收，无热量，不会引起龋齿。

针对三氯蔗糖的安全性也存在一定争议，但并没有强有力的证据表明其具有致癌性，世界上许多发达国家和发展中国家都批准其使用，中国于 1997 年正式批准使用。中国 GB 2760—2014《食品安全国家标准 食品添加剂使用标准》规定，三氯蔗糖作为甜味剂可用于调制乳、风味发酵乳、调制乳粉和调制奶油粉、冷冻饮品（食用冰除外）、水果干、水果罐头、果酱、蜜饯凉果、酱及酱制品等多类食品中，但最大允许使用量有严格限制。每日允许摄入量为 0 ～ 15 毫克 / 千克体重。

阿斯巴甜

阿斯巴甜是由 L- 丙苯氨酸、L- 天冬氨酸等反应制得的食品添加剂。又称天门冬酰苯丙氨酸甲酯。

化学名称为 L- 天门冬酰 -L- 苯丙氨酸甲酯。分子式为 $C_{14}H_{18}N_2O_5$，相对分子质量为 294.31。常温下为白色结晶颗粒或粉末，微溶于水和乙醇。阿斯巴甜的稳定性随温度升高而降低，pH 对阿斯巴甜的稳定性影响也较大，强酸或强碱都不利于其稳定。

1965 年，一位美国化学家偶然发现阿斯巴甜具有甜味。其甜味与蔗糖有所不同，可持续较长时间。通过与其他甜味剂复配，可获得与蔗糖更接近的口感。阿斯巴甜的甜度约为蔗糖的 200 倍，因其甜度高、热量低，被作为代糖品广泛应用于乳制品、糖果、饮料、含片、口香糖等食品中。阿斯巴甜在高温条件下会分解而失去甜味，不适用于高温烘焙和烹制的食品。

阿斯巴甜在体内可迅速代谢为天冬氨酸、苯丙氨酸和甲醇。因其代谢产物甲醇及苯丙氨酸具有毒性，阿斯巴甜的安全性一直存在争议，但通常食品中阿斯巴甜的用量极低，因此在许多国家被允许使用。中国在 GB 2760—2014《食品安全国家标准 食品添加剂使用标准》中要求添加阿斯巴甜的食品应标明"阿斯巴甜（含苯丙氨酸）"，每日允许摄入量为 0 ～ 40 毫克 / 千克体重。

第4章
第 章

鲜味剂

鲜味剂

　　鲜味剂是补充或增强食品原有风味的食品添加剂。又称增味剂、风味增强剂。对蔬菜、肉、禽、乳类、水产类乃至酒类都起着良好的增味作用。食品鲜味剂应同时具有 3 种呈味特性：①本身具有鲜味而且呈味阈值较低，即在较低的浓度下即可刺激感官而显示出鲜美的味道。②对食品原有的味道没有影响，即不会影响酸、甜、苦、咸等基本味道对感官的刺激效果。③能够补充和增强食品原有的风味，产生一种令人满意的鲜美味道，尤其在有食盐存在的咸味食品中具有更显著的增味效果。根据化学成分的不同，鲜味剂可分为氨基酸类、核苷酸类、有机酸类和蛋白类等。

　　氨基酸类鲜味剂主要有 L- 谷氨酸钠、L- 丙氨酸、L- 天门冬氨酸钠、甘氨酸等。其中 L- 谷氨酸钠是中国食品行业中应用最广泛的鲜味剂，俗称味精。然而，很多国家并不将 L- 谷氨酸钠列为食品添加剂。核苷酸类鲜味剂主要有 5′- 次黄嘌呤核苷酸二钠（肌苷酸，5′-IMP）和 5′- 鸟嘌呤核苷酸二钠（鸟苷酸，5′-GMP）。作为鲜味剂，它们的鲜味比 L- 谷氨酸钠强，其中 5′-GMP 的鲜味比 5′-IMP 更强。有机酸类鲜味剂主要有琥珀酸（学名为 1,4- 丁二酸）及其钠盐，是贝类、虾、蟹等海产品中鲜味来源。蛋白类鲜味剂主要有动物水解蛋白、植物水解蛋白、酵母抽提物等。蛋白类鲜味剂可以增强食品的鲜美味，呈味力强，含有人体不可缺少的 8 种必需氨基酸，能增强食品的营养成分，抑制食品中的不良风味。

使用鲜味剂时必须注意其稳定性，包括热稳定性、pH 稳定性和化学稳定性。食品在烹调和加工过程中经常需要加热，所以要了解鲜味剂的热稳定性，以免其遭到破坏而影响使用效果。如谷氨酸钠在高温下会生成焦谷氨酸钠，应用时要避免在高温条件下长时间加热。有些鲜味剂如 5′-IMP 和 5′-GMP 等在 pH 值较低时易分解破坏，影响其增味效果，故不能在酸性强的食品中使用。此外，在某些条件下，鲜味剂会与其他物质发生化学反应从而影响鲜味剂的效果。如谷氨酸钠和天门冬氨酸钠在锌离子等存在的条件下，会发生反应生成难溶解的盐类，影响使用效果；而 5′-IMP 和 5′-GMP 在磷酸酯酶的作用下发生水解生成没有增味作用的肌苷或鸟苷，故核苷酸类鲜味剂不宜直接用于生鲜食品中，一般须将食品在 85℃ 下加热使磷酸酯酶失活方能使用。

各种食品鲜味剂都可单独用于食品的烹调和加工，也可以与其他物质配合使用以增强效果。研究表明，适宜的不同食品鲜味剂复合具有协同增效效果。如在普通味精中加入约 5% 的 5′-IMP 或 5′-GMP，其鲜味能增强几倍到十几倍；而核苷酸二钠 I+G（5′-IMP+5′-GMP）是强力助鲜剂，是新一代的食品增味剂。由此可见，复合型鲜味剂是开发新型鲜味剂的重要方向。

味 精

味精是 L- 谷氨酸一钠的商品名。

是以碳水化合物（淀粉、大米、糖蜜等）为原料，经微生物发酵、提取、中和、结晶制成的具有特殊鲜味的白色结晶或粉末。含一分子结晶水。缩写式为 MSG。

◆ **发现历程**

1866 年，德国人 K. 里坦森用硫酸分解小麦中的面筋，最先分离出谷氨酸。1872 年，赫拉西维茨等用酪蛋白制得谷氨酸。1890 年，K.L. 沃尔夫利用 α- 酮戊酸经溴化后合成 DL- 谷氨酸。1908 年，日本人池田菊苗在研究海带煮汁的鲜味时，证实此鲜味物质即为 L- 谷氨酸一钠，开始工业化生产味精。中国采用面筋水解法生产味精始于 1923 年。1965 年后，中国各公司相继改用发酵法生产味精。

1987 年，在荷兰海牙召开的第 19 届联合国粮农组织和世界卫生组织食品添加剂专家联合委员会（JECFA）会议上，宣布味精作为风味增强剂，食用是安全的，并且认为对每日的允许摄入量无须做专门规定。

◆ **生产方法**

味精生产方法有化学水解法、司蒂芬废液提取法、合成法、发酵法 4 种。现在国际上多采用发酵法生产。1956 年，日本人木下祝郎发表用细菌发酵葡萄糖生成 L- 谷氨酸的方法，开创味精生产的新时代。此法可用广泛存在的淀粉质为原料，不局限于面筋等蛋白质，周期短，收率高，成本低。所用细菌有短杆菌、棒杆菌、小杆菌和节杆菌。淀粉水解为葡萄糖后，加适量有机氮源和尿素，在适当的通风、搅拌下，葡萄糖经细菌作用，经过三羧酸循环，在谷氨酸脱氢酶的逆反应下，在还原性辅酶 II 存在下，α- 酮戊二酸进行还原、氨化反应生成大量 L- 谷氨酸。粗谷氨酸用纯碱中和至 pH7.0，即生成有鲜味的谷氨酸一钠。

◆ 功能

加入蔬菜、肉类等食品中可增加风味，食盐能诱发其鲜味。因有一不对称碳原子，故有 L 型（左旋）、D 型（右旋）、DL 型（消旋）三种构型，只有 L 型能为生物所利用。L- 谷氨酸参与体内很多代谢过程，是构成蛋白质的主要成分。谷氨酸能被脑组织氨化，当葡萄糖供应不足时，可作为脑组织的能源，对维持或改进脑机能有益；也能与血液中过量的氨作用生成谷氨酰胺，对肝功能有障碍的人有一定的解毒作用。酵母核糖核酸的水解物质 5′- 核苷酸呈现特有的鲜味。以 5′- 肌苷酸钠或 5′- 鸟苷酸钠按不同比例与谷氨酸钠混合结晶，可制成比味精鲜味高几倍的特鲜味精或强力味精。还可用味精作为基料添加动物或植物的风味成分制成多种适合不同用途的复合调味料，如鸡精、牛肉精、蘑菇精等。

琥珀酸二钠

琥珀酸二钠通常以琥珀酸为主要原料，经中和、干燥等工艺制得的一种化合物。又称干贝素，别名琥珀酸钠、丁二酸钠。

分子式 $C_4H_4Na_2O_4$，相对分子质量 162.05；六水琥珀酸二钠（又称结晶琥珀酸二钠）分子式为 $C_4H_4Na_2O_4 \cdot 6H_2O$，相对分子质量 270.14。无水琥珀酸二钠为无色至白色结晶性粉末，在空气中稳定，易溶于水、不溶于乙醇。无臭,无酸味,味觉阈值为 0.03%。无水琥珀酸二钠的鲜度约为结晶琥珀酸二钠的 1.5 倍。

具有鲜味,天然存在于贝类、虾、蟹等海产品中,对这些产品的鲜味起重要作用。琥珀酸二钠在口腔中的主要受体部位是舌的中端和两腭,鲜味主要作用在口腔的中段,是鲜味和谐过渡的纽带,使各部分风味协调统一。琥珀酸二钠可单独使用,与味精、呈味核苷酸二钠等鲜味剂混用可起鲜味增倍的效果。作为食品增味剂,琥珀酸二钠在肉制品、水产品、酿造食品(如酱、酱油、黄酒等调味料)中应用广泛。中国 GB 2760—2014《食品安全国家标准 食品添加剂使用标准》规定,琥珀酸二钠作为增味剂在调味品中的最大使用量为 20 克/千克。美国食品药品监督管理局认定琥珀酸二钠为一般公认的安全类添加剂。

海鲜调味基料

海鲜调味基料是以低值水产品或加工副产物生产的用于调味的各种原料。

水产品含有丰富的蛋白质、微量元素及生理活性物质,水解后大部分蛋白质转化成氨基酸,更易为人体吸收,以此为原料加工而成的海鲜调味料富含氨基酸、有机酸及核苷酸关联化合物等营养和呈味成分,还有许多有益人体健康的活性物质,如牛磺酸、活性肽等。

从生产方式分类可分为抽提类和分解类,前者不仅看重其独特的风味特性,也追求原料的天然性和营养性。根据原料的来源,也可分为以下 4 类调味基料:①鱼类调味基料。以低值海产鱼类或加工副产物为原料，采用抽提或酶解工艺制得各种调味基料。如鲣提取物、鲑鱼提取物、各种酶解鱼蛋白粉等。②虾蟹类调味基料。虾头营养价值不比虾肉差，蛋白质含量 40% 以上，还含有丰富的钙和磷。可以加工成鲜虾膏、鲜虾酱及酶解所制得的蛋白粉，如虾蟹提取物、酶解型制品虾精、虾肉精膏等。③贝类调味基料。以贝类肌肉、煮汁或加工副产物为原料，经浓缩、酶解等不同工艺制得液状、粉状体、膏状体或浓缩液等各种调味基料产品。如蚝水、蛤精粉、牡蛎酱、酶解贝类蛋白粉等。④藻类调味基料。海带紫菜经过热水提取或酶解工艺，可以制备海带汁、紫菜汁，这两个调味料

海鲜酱油

可以应用到汤料、火锅调料、面汤、拌面及其他方便食品，在海鲜酱油上也有应用。

海鲜调味基料可广泛应用到各种方便食品、膨化食品、鱼糜制品、肉制品以及海鲜汤料、调料等。

水产调味沙司

水产调味沙司是以新鲜水产品或水产加工下脚料为原料，采用加热、抽出、发酵、浓缩、调配等不同工艺手段加工制得的呈糊状的一类特色调味品。

主要有蚝油、虾酱和蟹酱等。

◆ **蚝油**

利用牡蛎煮汁熬制的蚝水经调配而成的一种天然风味高级调味料。含有多种呈味成分，鲜味浓郁，同时还含有丰富的微量元素和多种氨基酸、锌、牛磺酸等。是中国东南沿海地区常用的传统海鲜调味料，也是调味汁类最大宗产品之一。

蚝油

◆ **虾酱**

以各种小鲜虾为原料加盐发酵后，经磨细制成的一种黏稠状的酱类调料。其色泽鲜黄，质细味纯香，盐足，含水分少，具有虾米的特有鲜味。若加工时混入小蟹、小蛤等，则呈灰色或灰黄色，品质下降。虾酱以河北唐山、山东惠民和羊角沟、浙江和广东出产最多，以唐山、沧州的产品质量为最好。它可作为调味料放入各种菜品内，味道鲜美，也可生吃，或蒸制后单独作菜肴食用。

虾酱

◆ **蟹酱**

以蟹为原料加盐后发酵所制得的调味品。其加工和产量远不如虾酱普遍。日本和美国利用小杂蟹为原料，经酶解、浓缩、过滤、精制提取出水解蟹油，可作为模拟蟹肉的添加剂或配合其他香辛料生产粉状的蟹味素调料。中国采用传统发酵法生产蟹糊和蟹酱（如蝤蛑酱），但由于发酵时间长，挥发性盐基氮较高，易导致腥味浓，其产品也不多见。

水产发酵制品

水产发酵制品是以水产动物为原料，经微生物或酶发酵作用而制成的调味产品。

水产发酵调味品传统制品是经盐渍抑菌，再经发酵将组织内的多种呈味成分释放出来而制得风味独特的汁、酱类制品；现代工艺通过接种微生物或添加外源酶来加速蛋白的分解，从而缩短了发酵周期。

常见的水产发酵制品有鱼露和虾油。

◆ 鱼露

又称鱼酱油。它以低值鱼虾或其加工副产物（鱼头、内脏、咸鱼卤水、煮汁、鱼粉厂的压榨汁等）为原料，利用鱼体所含的酶，在多种微生物共同参与下发酵酿制而成。常见的原料有蓝圆鲹、鳀鱼、七星鱼、

鱼露

青鳞鱼等。鱼露在中国广东、福建、台湾、香港等地多见，其产品呈红褐色、澄清有光泽，味道鲜美并且含有丰富的氨基酸、有机酸及人体新陈代谢所必需的微量元素等。

◆ 虾油

又称虾油露。虾油并非油脂，而是以新鲜虾为原料，经腌渍、发酵、熬炼后制成的一种味道鲜美的液体发酵制品。优质的虾油色泽黄亮、汁

液浓稠，无杂质和异味，味鲜美，咸味轻。虾油主要用于汤类菜肴的提鲜增香。

虾蟹酱

以鱼、虾、蟹为原料，添加调味料和食品添加剂制成的发酵食品。

制作工艺流程为：原料处理→盐渍→发酵→成品。以体型较小的鱼、虾、蟹为原料，清净后沥干水分，加入一定比例的食盐进行腌制，至鱼、虾、蟹开始变红变色，表明已经开始发酵。用木棒将鱼、虾、蟹捣碎成酱，搅拌均匀后进行日晒，并定期搅拌，充分发酵且不良气味充分挥发后即可得成品。

虾蟹酱

虾蟹酱呈紫红色，黏稠状，气味鲜香无腥味，酱质细腻无杂质，盐度适中。可作为佐餐配料。

第 5 章

香辛味剂

花　椒

　　花椒是一种芸香科花椒属植物。俗称的花椒是芸香科花椒属可作调味品食用的几种植物及其果实的统称，也是中国重要的食品调味香料。该属约有 250 个种，分布于东亚和北美洲。中国有 45 种，其中作为调味品食用的主要有花椒、川陕花椒、青花椒、竹叶花椒和野花椒等。

◆ 花椒

　　又名秦椒、红花椒、川椒等，是最重要的花椒栽培种，分布于中国辽宁南部、陕西、甘肃东部，南至长江流域各地，西至四川，西南至云南、贵州、西藏东南部，其中川西、陕南、鲁中南山地等为主要产区。该种为重要食品调味香料，也是油料树种，果皮含芳香油，可提取香精。种子含油量 25% ～ 30%，出油率 22% ～ 25%，椒油有涩味，处理后可食用或作工业用油。种子、果皮可入药。该种在中国栽培已有 2000 余年历史，各地均有优良栽培品种。如四川的汉源花椒、陕西的凤椒、山西的小椒等。花椒不耐低温，在土层浅薄、温差大的地方易受冻害。耐干旱，但在开花坐果时如遇春旱，落花落果严重，叶片萎蔫。不抗风，不能在风口栽植。不耐涝，短期积水或洪水冲淤都能导致死亡。在微酸性、中性和微碱性土上都能生长，以在疏松钙质土上生长最好，在排水不良的黏土和干瘠沙土地上生长不良。喜光，不耐庇荫。萌芽性强，耐修剪，剪口以下能萌发新枝。根系发达。生长快，1 年生苗高约 1 米，栽后 2 ～ 3 年开始少量结果，4 ～ 5 年大量结果，可延续 15 ～ 20 年。生长寿命 30 ～ 40 年，衰老后可采用伐后萌芽更新。

◆ 川陕花椒

又名山花椒。产于中国甘肃南部、陕西南部、四川北部，生于海拔 2000 ～ 2500 米的山区。喜光，耐干旱瘠薄土壤。果可作香料及调料。

◆ 青花椒

又名青椒、崖椒、狗椒、野椒、山花椒、香椒子。灌木，果暗紫绿色，径 4 ～ 5 毫米，具芒状尖头。产于中国辽宁南部，南至广东北部、广西北部，东至台湾，西南至贵州，在四川有规模化栽培。喜光，耐干旱贫瘠土壤。幼果晒干后呈苍青色或灰黄色，故名"青椒"。连同根、叶可入药，有发汗、驱寒、止咳、健胃、消食等功效；又可作蛇药及驱蛔虫药。果可代花椒作调料。种子水浸液可治蚜虫和水稻螟虫。

◆ 竹叶花椒

又名竹叶椒、山花椒、狗花椒、野花椒、藤椒，在中国四川和重庆有规模化栽培。产于秦岭、淮河流域以南，南达海南，东至台湾，西南至四川、云南、西藏东南部；生于低山丘陵，西南海拔达 2200 米的山区。果可代花椒，供作调味香料。枝叶供药用，有驱虫、镇痛之效。

◆ 野花椒

又名黄椒、刺椒、大花椒、香椒、刺花椒，产于中国黄河流域至长江流域，多生于低山、丘陵、平原灌丛中或次生疏林内。喜光，耐干旱瘠薄土壤。果作花椒代用品。枝叶及根皮入药，可镇痛。

肉　桂

肉桂是一种樟科樟属常绿乔木。又称玉桂、牡桂、菌桂。

肉桂原产于中国，主要分布于广东、广西两地，之后广东、广西、福建、台湾、云南等地的热带及亚热带地区广为栽培，其中尤以广西栽培为多。印度、老挝、越南至印度尼西亚等地亦有分布，但大都为人工栽培。

◆ 形态特征

中等大乔木，树皮灰褐色，老树皮厚达 13 毫米。一年生枝条为圆柱形，黑褐色，有纵向细条纹，略被短柔毛；当年生枝条多少四棱形，黄褐色，具纵向细条纹，密被灰黄色短绒毛。顶芽小，长约 3 毫米，芽鳞宽卵形，先端渐尖，密被灰黄色短绒毛。叶互生或近对生，长椭圆形至近披针形，先端稍急尖，基部急尖，革质，边缘软骨质，内卷；上面绿色、有光泽、无毛，下面淡绿色、晦暗、疏被黄色短绒毛。离基三出脉，侧脉近对生，自叶基 5 ～ 10 毫米处生出，稍弯向上伸至叶端之下方渐消失，与中脉在上面凹陷，下面凸起；向叶缘一侧有多数支脉，支脉在叶缘之内拱形联结，横脉波状，近平行，相距 3 ～ 4 毫米，上面不明显，下面凸起；支脉间由小脉连接，小脉在下面明显可见。叶柄粗壮，长 1.2 ～ 2 厘米，腹面平坦或下部略具槽，被黄色短绒毛。圆锥花序腋生或近顶生，三级分枝，分枝末端为 3 花的聚伞花序，总梗长约为花序长之半，与各级序轴被黄色绒毛。花白色，花梗被黄褐色短绒毛。花被内外两面密被黄褐色短绒毛，花被筒倒锥形，长约 2 毫米，花被裂片卵状长圆形，近等大，先端钝或近锐尖。能育雄蕊 9，花丝被柔毛。第一、二轮雄蕊长约 2.3 毫米，花丝扁平，上方三分之一处变宽大，花药卵圆状长圆形，长约 0.9 毫米，先端截平，药室 4，室均内向，上 2 室小得多；第三轮雄蕊长约 2.7 毫米，花丝扁平，上方 1/3 处有一对圆状肾形腺体，花药卵圆状长圆形，药室 4，上 2 室较小，外侧向，下 2 室较大，外向；退化雄蕊 3 位于最内轮，

肉桂的叶和花序

连柄长约 2 毫米，柄纤细，扁平，被柔毛，先端箭头状正三角形。子房卵球形，长约 1.7 毫米，无毛，花柱纤细，与子房等长，柱头小，不明显。果椭圆形，长约 1 厘米，宽 7～8（9）毫米，成熟时黑紫色，无毛；果托浅杯状，长 4 毫米，顶端宽达 7 毫米，边缘截平或略具齿裂。花期 6～8 月，果期 10～12 月。

◆ 生长习性

肉桂属南亚热带、北热带常绿乔木，喜温暖，不耐严寒，适生年平均温度为 20～26℃，年降水量为 1600～2000 毫米，多在海拔 500 米以下低山丘陵区种植。

◆ 主要用途

肉桂属常用名贵中药材，既可药用，又是香料副食品。肉桂具有暖

脾胃、除积冷、通血脉之功效。肉桂油芳香，有健胃、祛风、杀菌、收敛的作用。桂皮粉在西方国家通常用来烤制面包、点心，腌制肉类食品。桂油主要成分除肉桂醛外，还含有苯甲醛、肉桂醇、丁香烯、香豆素等十多种成分，广泛用于饮

肉桂皮

料、食品的增香、医药配方、调和香精和高级化妆品。肉桂材质优良，结构细致，不易开裂，可制作高档家具。肉桂树形美观，常年浓荫，花果气味芳香，是一种优良的绿化树种。

月　桂

月桂是被子植物樟目樟科月桂属的一种。原产于地中海一带，中国浙江、江苏、福建、台湾、四川及云南等地有引种栽培。

常绿小乔木或灌木，高可达 12 米。小枝绿色，略被毛或近无毛。叶互生，革质，长圆形或长圆状披针形，先端锐尖或渐尖，基部楔形，边缘细波状，两面无毛，羽状脉，花为雌雄异株；伞形花序腋生，1 ～ 3 个成簇状或短总状排列，开花前由 4 枚交互对生的总苞片所包裹；雄花每个伞形花序有 5 朵，小，黄绿色，被柔毛，花被

月桂的花序

筒短，花被片 4，雄蕊通常 12，排成 3 轮，花药 2 室，内向，瓣裂，子房不育；雌花的退化雄蕊 4，与花被片互生，花丝顶部有成对无柄腺体，其间延伸有一披针形舌状体，子房 1 室，花柱短，柱头稍增大，三棱形。果卵球形，熟时暗紫色。染色体基数 $x = 7$。

月桂是一种重要的经济植物。叶和果均含芳香油，主要成分是芳樟醇、丁香酚、香叶醇及桉叶油素，用于食品及皂用香精。叶还可作调味香料或罐头矫味剂。种子含油脂约 30%，可供制皂或用于医药。

罗　勒

罗勒是被子植物真双子叶植物唇形目唇形科罗勒属的一种。名出《博物志》。又称兰香、香菜、香草、零陵香，分别出自《齐民要术》《救荒本草》《本草纲目拾遗》《植物名实图考》。

主要分布于非洲、亚洲热带和亚热带地区，中国大部分地区都有分布或栽培。一年生草本，全株芳香。茎直立，可高达 80 厘米。基部近无毛，上部多分枝，被倒生柔毛。叶对生，卵形或长圆形，基部渐狭。叶缘不规则锯齿或近全缘。轮伞花序近顶生。苞片无柄，狭披针形。花萼钟状，外被短柔毛，二唇形，上唇中裂片最大，近圆形，侧裂片宽卵形，下唇裂片披针形。花冠紫色，二唇形，上唇或白色，具 4 枚裂片，下唇椭圆形，不裂。雄蕊 4 枚，2 强，稍伸出花冠。小坚果 4 枚，深褐色，卵球形，表面

罗勒

密被腺体，呈蜂窝状。花期7～9月，果期8～12月。

罗勒是重要的香料植物，叶片常用作烹饪调料。全草入药，有疏风行气、化湿消食、活血、解毒之功效。

胡　椒

胡椒是胡椒科胡椒属多年生木质藤本植物。胡椒为重要的香辛作物。原产印度，后传入爪哇、马来西亚、斯里兰卡，现世界上有近20个国家栽培。主产地为印度、印度尼西亚和马来西亚。中国于1951年和1954年多次由马来西亚和印度尼西亚等地引入海南试种，并开始有较大面积栽培。1956年后，广东、云南、广西、福建等地陆续试种。主产地为海南和广东湛江。

胡椒茎攀缘生长，长可达7～10米，节膨大而有吸根。穗状花序，单核浆果，球形，成熟时红色。种子黄白色。生长期要求气温较高。世界胡椒产区年平均气温为25～27℃，但在中国年平均温度为19.5～26℃的地区，也能正常开花结实。年降水量要求1500～2400毫米，分布均匀。枝蔓纤弱，以静风环境为宜。一龄生胡椒需轻度荫蔽，结果期要求光照充足。排水良好、土层深厚、土质疏松、pH为5.5～7.0的土壤利于生长。幼龄期以施氮肥为主，结果期要加施钾肥。经济寿命20～30年。

一般用插条繁殖。从1～3年生的植株切取插条，培育约20天长出新根后便可定植（斜植）。株行距2米×2米左右。植后遮阴。幼苗长出主蔓后，将主蔓缚在高约2米的支柱上。苗高1.2米时进行第一次剪蔓，以后剪 3 ～ 4 次，最后保留 4 ～ 6 条蔓，使之发育成圆筒状株型。株高一般控制在 2.5 米左右。幼龄植株以施氮肥为主，结果植株要加施钾肥。雨季注意排水、盖草、培土。危害最大的是胡椒瘟病，发病初期可用化学药剂控制蔓延；此外还有细菌性叶斑病、花叶病（病毒病）和根病等。害虫有根瘤线虫、介壳虫类、蚜虫等，可用有机磷杀虫剂防治。

种后 3 ～ 4 年便有收获。从开花到果实成熟需 9 ～ 10 个月，秋花的果实在 5 ～ 7 月收获（海南产区），春花的果实在 1 ～ 2 月收获（广东湛江产区）。果实变黄、每穗果实有 3 ～ 5 粒转红时即为采收适期。种子含胡椒碱 5%～9%，挥发油 1%～2.5%，在食品工业中用作调味料、防腐剂，医学上用作健胃、利尿剂。果穗收获后直接晒干脱粒者为黑胡椒，制成率 33%～36%；收后在流水中浸泡 7 ～ 10 天，果皮、果肉全部腐烂后洗净晒干者为白胡椒，制成率为 25%～27%。

八　角

八角是木兰科八角属植物。又称八角茴香（本草纲目）、大茴香、唛角（广西壮语）。八角主产于中国广西西部和南部，在福建南部、广东西部、云南东南部和南部也有种植。

◆ **形态特征**

乔木，高 10 ～ 15 米，树冠塔形、椭圆形或圆锥形，树皮深灰色，枝密集。叶不整齐互生，在顶端 3 ～ 6 片近轮生或松散簇生，革质或厚革质，倒卵状椭圆形、倒披针形或椭圆形，长 5 ～ 15 厘米，宽 2 ～ 5 厘米，先端骤尖或短渐尖，基部渐狭或楔形，在阳光下可见密布透明油点。中脉在叶上面稍凹下，在叶下面隆起。叶柄长 8 ～ 20 毫米。花粉红至深红色，单生叶腋或近顶生，花梗长 15 ～ 40 毫米。花被片 7 ～ 12 片，常 10 ～ 11 片，常具不明显的半透明腺点，最大的花被片宽椭圆形至宽卵圆形，长 9 ～ 12 毫米，宽 8 ～ 12 毫米。雄蕊 11 ～ 20 枚，多为 13、14 枚，长 1.8 ～ 3.5 毫米，花丝长 0.5 ～ 1.6 毫米，药隔截形，药室稍为突起，长 1 ～ 1.5 毫米。心皮通常 8，有时 7 或 9，很少 11，在花期长 2.5 ～ 4.5 毫米。子房长 1.2 ～ 2 毫米，花柱钻形，长度比子房长。果梗长 20 ～ 56 毫米，聚合果，直径 3.5 ～ 4 厘米，饱满平直。蓇葖多为 8，呈八角形，

八角的蓇葖

长 14 ～ 20 毫米，宽 7 ～ 12 毫米，厚 3 ～ 6 毫米，先端钝或钝尖。种子长 7 ～ 10 毫米，宽 4 ～ 6 毫米，厚 2.5 ～ 3 毫米。正糙果 3 ～ 5 月开花，9 ～ 10 月果熟；春糙果 8 ～ 10 月开花，翌年 3 ～ 4 月果熟。

◆ **生长习性**

八角为南亚热带树种，喜冬暖夏凉的山地气候，适宜种植在土层深厚、排水良好、肥沃湿润、偏酸性的沙质壤土或壤土上，在干燥瘠薄或低洼积水地段生长不良。

◆ **用途**

八角为经济树种。果为调味香料，味香甜；也供药用，有祛风理气、和胃调中的功能，用于中寒呕逆、腹部冷痛、胃部胀闷等，但多食会损

目发疮。果皮、种子、叶都含芳香油，称为八角茴香油（简称茴油），是制造化妆品、甜香酒、啤酒和食品工业的重要原料。八角和茴油除供应国内外，还是重要的出口物资，中国八角占世界市场的 80% 以上。八角木材淡红褐色至红褐色，纹理直，结构细，质轻软，有香气，可供细木工、家具、箱板等用材。

草　果

草果是姜科豆蔻属多年生宿根草本植物。又称草果仁、草果子。以果实入药，药材名草果。药食两用作物。

草果主要分布在中国云南、广西和贵州的部分地区。越南、老挝北部的部分地区也有分布。

◆ **形态特征**

全株有辛香气，茎丛生，高达 3 米。叶片长椭圆形或长圆形，无柄或具短柄，叶舌全缘。穗状花序不分枝，每花序有花 530 余朵；苞片披针形，小苞片管状，一侧裂至中部，顶端 2～3 齿裂，萼管约与小苞片等长，顶端具钝 3 齿；花冠红色，管长 2.5 厘米，裂片长圆形；唇瓣椭圆形，顶端微齿裂。蒴果密生，熟时红色，干后褐色，不开裂，长圆形或长椭圆形，长 2.5～4.5 厘米，宽约 2 厘米，无毛，顶端具宿存花柱残迹，干后具皱缩的纵线条。种子多角形，有浓郁香味。花期 4～6 月，果期 9～12 月。

◆ **生长习性**

喜温暖湿润气候，对环境湿度要求较高。生长于南亚热带及中亚热带的湿热荫蔽的热带雨林、季雨林中。一般生长在海拔 800 ～ 1900 米的中低山区，以海拔 1300 ～ 1700 米最优。年平均温度 17 ～ 19℃，年平均降水量 1000 ～ 1600 毫米，相对湿度 80% ～ 85%。一般种植 3 年后即可开花结果，6 ～ 7 年后进入盛果期，可连续结果 20 年。

◆ **繁殖方法**

草果以种子繁殖为主，亦可用分株繁殖。选取果实中部银灰色、饱满、口感甘甜、光泽好的籽粒作种。用草木灰反复揉搓，除去果肉和种子表面的胶质后晾干，即可播种。每亩用种量为 8 ～ 10 千克。播种后及时搭建遮阴棚、盖草并浇透水。苗高 10 厘米左右时间苗，苗高 35 ～ 40 厘米时即可移栽。分株繁殖在 1 ～ 2 月进行。选择粗壮，叶芽饱满的新生直立茎，将其从母株中分离出来。从直立茎基部切取 20 ～ 40 厘米长横走的根状茎，上部留取约 30 厘米，削成斜口，剪去下部叶片，留上部叶片 2 ～ 3 片。移栽时，保持植株原来的生长方位。

◆ **栽培管理**

选地与整地

选择有林荫的山间凹地，山谷溪边，山坡平缓地，土壤以富含腐殖土、土质疏松湿润的沙壤土或壤土为佳。荫蔽度控制在 50% ～ 60% 为宜。土地深翻 25 厘米，沿山坡等高线挖深 30 厘米、宽 50 厘米的鱼鳞坑，按 2 米 × 2 米或 2 米 × 2.5 米的株行距打塘。每穴施基肥（厩肥、草木灰、人畜粪混合）7 ～ 10 千克。

田间管理

根据草果各生长阶段的不同要求及环境条件的变化进行。及时除草，从移栽后第 3 年开始，在 11～12 月草果采收后进行施肥。在草果株丛的周围 10～20 厘米开沟施放，施放后培土壅兜。开花前，要进行培土。

草果

草果蒴果

干草果

当草果根部现出球形花苞时，遇上干旱天气，应引水灌溉或淋水，保持土壤湿润。在雨季，土壤湿度过大，要疏通排水沟，加强排水。

病虫害防治

草果病害有立枯、花腐果腐病、花叶病等。害虫有斑蛾、钻心虫和蝗虫等。应选用无病虫害的种栽，合理密植，使植株间能够通风透光，雨季及大雨后及时疏沟排水。发病初期，发现病株后及时拔除，集中销毁。收获时清洁田园。

采收加工

草果于 10～11 月果实成紫色时，用镰刀从整个果穗基部整个割下。烘烤前把果实从果穗剪下，剪时要稍带点果柄。采摘好的果实及时烘干。烘烤的温度保持在 50～60℃，经常翻动，直至烘干为止。也可将鲜果用沸水烫 2～3 分钟，取出晒干后，再在室内堆放 5～7 天，使其色泽变为棕褐色。

◆ 药用价值

草果药材味辛，性温。归脾、胃经，具有燥湿温中，除痰截疟等功效。用于寒湿内阻，脘腹胀痛，痞满呕吐，疟疾寒热等病症。有浓郁的辛辣香味，能除腥气，也为烹调佐料之一。

辣　椒

辣椒是茄科辣椒属一年生草本。在热带可为多年生灌木。又称番椒。以果实供食用。

辣椒原产于南美洲的秘鲁，在墨西哥驯化为栽培种，15 世纪传入欧洲，明代传入中国。清代陈溟子《花镜》有"番椒……丛生白花，深秋结子，俨如秃笔头倒垂，初绿后朱红，悬经可观，其味最辣"的记载。世界各地都有种植。

◆ 形态和类型

根系不发达。茎直立，高 30 ～ 150 厘米。单叶互生，卵圆形，叶面光滑。主茎抽生 6 ～ 15 片叶时着生一朵花，单生或簇生；花多为白色，自花传粉，但天然异交率可达 10% 左右。浆果，汁少。细长形果实多为 2 室，圆形及扁圆形果多为 3 ～ 4 室。种子多数着生在中轴胎座上，胎座不发达，且硬化，形成空腔。果面平滑或皱褶，具光泽。果实呈扁圆、圆柱、圆球、长角、圆锥或线形，大

辣椒

小差别显著。牛角椒和线椒的纵径达 30 厘米，大甜椒的横径达 15 厘米以上，而细米椒则小如稻谷。单生果一般下垂，少数向上；簇生果多向上，个别下垂。大型果一般单生，每株结果数少；小型果结果数多，有的品种一株可结 200～300 个。果实在成熟过程中有明显的色素变化。青熟果老熟时因叶绿素含量迅速下降、茄红素增加而由绿色转为红色果；以胡萝卜素为主要色素的果实老熟时则形成黄色果。作观赏用的"五彩椒"因同一株上同时生有转色期间不同颜色的果实而得名。辣椒的辛辣味来自果实组织中的辣椒素（$C_{18}H_{27}NO_3$），其含量在果实成熟过程中逐渐增加，至果实红熟时达最高。小型果的辣椒素含量一般高于大型果。辣味浓度以中国云南思茅、瑞丽等地的涮辣椒为较大，朝天椒、细米椒次之，牛角椒、线辣椒又次之，大甜椒辣味较淡。

常栽培的辣椒有 5 个种：一年生辣椒、灌木状辣椒、中国辣椒、下垂辣椒、柔毛辣椒。其中一年生辣椒的栽培面积最大，其有 5 个主要变种：灯笼椒、长椒、圆锥椒、簇生椒、樱桃椒。染色体数均为 $2n = 24$。一般在高纬度及高海拔地区盛产灯笼椒；低纬度及低海拔地区盛产长椒、圆锥椒和簇生椒。中国的栽培品种以灯笼椒、长椒和圆锥椒较多，簇生椒较少，樱桃椒很少栽培。辣椒的消费在不断发生变化，中国北方以消费甜椒为主，变化不大；南方的辣椒消费量变化较大，以前以牛角椒和羊角椒为主，至 2017 年线椒的消费量大增，螺丝椒的消费量也在慢慢增加（螺丝椒之前主要在西北地区消费）；江苏和重庆以消费泡椒为主。市场上销量较大的有以下类型：甜椒、线椒、牛角椒、羊角椒、螺丝椒、泡椒、朝天椒、美人椒等。以鲜椒供食用的品种要求果大、肉厚；供制干椒用的品种要求果肉薄、色深红且具光泽，含油分多，辣味浓。

◆ 栽培

喜温作物，不耐霜冻。灯笼椒对高温的适应性较差，长椒、簇生椒则耐热力较强。生长适温为 15 ～ 30℃，果实发育和转色需 25℃ 以上，夜温以 15 ～ 20℃ 为宜，温度过高易致植株衰老。日温低于 15℃ 或高于 35℃ 时易落花。温度适宜时不论日照长短，花芽都可分化。露地栽培时，一般于晚秋或冬季利用温床、冷床或塑料大棚育苗，晚霜期过后栽植，以提早结果，提高产量。植株开展度不大，叶片较小，适宜丛植和密植。对土壤的适应性较广，耐旱力和耐瘠力较强。干制用辣椒栽培在瘠薄丘陵地时辣味更浓，但适当施肥有利于高产。供鲜食用的灯笼椒及牛角椒则要求较多的肥料及水分。氮和磷对花的形成有良好作用，而钾则对促进果实膨大有益。利用温室、塑料大棚栽培，可促使早熟。

圆锥形辣椒果实

◆ 用途

辣椒素有兴奋作用，能增进食欲，帮助消化。果实中含多种维生素，以维生素 C 含量最高，每 100 克鲜重含量可达 150 ～ 200 毫克，在蔬菜中居首位。红熟椒的维生素 C 含量高于青椒。鲜椒干制后，其中的维生素 C 被破坏，罐藏则能充分保存。甜椒果实中含糖和果胶物质较多，干物质较少。一般以未成熟的青椒及大中果型的红熟椒作鲜菜用，以较辣的小果型红熟干椒及辣椒粉作调料或医药用。用于干制的多为线椒和朝天椒。干辣椒及辣椒粉是中国重要的出口产品。

涮 辣

涮辣是茄科辣椒属植物。又称涮涮辣、涮汤辣、象鼻辣。

涮辣是中国境内最辣的辣椒，也是世界范围内最辣的辣椒之一，与印度魔鬼椒不相上下。产于中国云南德宏、保山、思茅、西双版纳、临沧及缅甸北部的亚热带山区。当地居民通常用它调味，吃的时候只要把新鲜或晒干的果实划破，在热汤中涮一下，整锅汤即有辛辣味，可以反复使用，因而得名。

◆ 形态特征

株高 50 ~ 100 厘米，开展度 1.0 ~ 1.5 米。茎叶绿色，茎节处略带紫色。叶片阔卵形或椭圆状阔卵形，叶缘浅波状。花小，单生或 2 ~ 3 朵簇生，花冠黄白色，花梗偏斜，花朵呈下垂状，花萼绿色，花柱白色，柱头较长并高出花药。果实长卵状圆锥形，果面粗糙有棱沟并有疙瘩状突起，绿熟果呈绿色，生理成熟后呈鲜红色，长 3.7 ~ 7 厘米，宽 2 ~ 3 厘米，单果重 5 ~ 6 克。种子少。

◆ 生长习性

根系发达，吸收能力强，较耐旱，怕涝、怕霜、抗病性差。耐瘠，喜山地、生地。营养过多，尤其是氮素过多时，植株容易徒长而不结果。生长发育适温比一般辣椒稍高，在云南，海拔 1400 米以下、年均温 16.5℃ 以上的亚热带气候条件最为适宜。

◆ **栽培**

零星栽培可与玉米套作。露地一般 2～3 月播种，4～5 月定植。采用保温设施育苗，可提早至 11 月下旬播种，翌年 1 月下旬假植，3 月下旬定植。起畦种植，每畦种植 2 行，每塘种 1 株，株行距 60 厘米 ×80 厘米。苗期适当控制肥水，防止徒长。果实变为橘黄色或红色时即可采收，采摘期为 5 月下旬至 10 月上旬。

◆ **用途**

果实辣味极强，辣椒素含量高达 3.54%，是一般辣椒的 10 倍。辣椒素及其类似物具有降低血压和胆固醇、消炎止痛及改善食欲的功效，用涮辣浸泡后的米酒可外用于治疗风湿性关节炎。由于辣椒素含量高，其在农药、医药、食品添加剂等领域具有广阔的开发利用前景。可用于制作镇痛、消炎、治冻伤、止痒、杀菌、祛风湿等多种外用药物（贴剂、喷剂、擦剂等）；在农业生产中用作环保型绿色生物农药，具有良好的触杀、驱避作用；添加到电线、电缆、光缆护套中可防止老鼠、白蚁的食蚀伤害；还可用于制造催泪弹等警用防卫武器。

辣 根

辣根是十字花科辣根属多年生直立草本植物。又称马萝卜。辣根原产于欧洲东部和土耳其，已有 2000 多年的栽培历史。

◆ **形态特征**

高达 1 米，全体无毛。根肉质肥大，纺锤形，白色，下部分枝。肉质根圆柱形，外皮黄白色，厚而粗糙，肉白色。根周具 4 列须根，有不定芽。茎粗壮，表面有纵沟，多分枝。茎短缩，多侧芽。叶簇生，披针形或长椭圆形，叶缘具缺刻。总状花序，小花白色。角果。不易获得种子。

辣根

◆ 栽培

喜冷凉，越冬时地上部枯死。较耐旱，不耐涝。适宜土层深厚、保水保肥力强的沙壤土，以 pH 为 6 的微酸性土壤较好，忌连作。采用根段繁殖。春秋季均可种植，但以春季为好。一般在 11 月或翌年萌芽前采挖，但以第二年秋季采挖产量最高。

◆ 用途

富含各种维生素和铁、钙、磷、钴、锌等矿物质。辣根叶含葡萄糖异硫氰酸酯，其主要成分为葡萄糖异硫氰酸烯丙酯，又称黑芥子苷，还含少量的葡萄糖异硫氰酸苯酯等，具有强烈的辛辣味，可增进食欲，增强人体免疫功能。全植物含挥发油及芥子油。种子含脂肪油和生物碱。主要用作调料，似芥末味。具有利尿、兴奋神经的功效，药用内服作兴奋剂。

辣根的花

芥　菜

芥菜是十字花科芸薹属一年生或二年生草本植物。芥菜是中国特产蔬菜，欧美各国极少栽培，多样性中心在中国。《礼记》有"鱼脍芥酱"的记载，可见中国早在周代已用其种子作调味品。有根芥、茎芥、叶芥和薹芥四大类，共 16 个变种。

◆ **形态和类型**

主侧根分布在约 30 厘米的土层内，茎为短缩茎。叶片着生在短缩茎上，有椭圆、卵圆、倒卵圆、披针等形状，叶色绿、深绿、浅绿、黄绿、绿色间紫色纹或紫红。中国的芥菜主要有四种类型：①叶用芥菜。2 年生，有 11 个变种，即大叶芥、小叶芥、白花芥、花叶芥、长柄芥、凤尾芥、叶瘤芥、宽柄芥、卷心芥、结球芥和分蘖芥。②茎用芥菜。2 年生，有 3 个变种，即茎瘤芥、笋子芥、抱子芥或儿芥。③根用芥菜。又

芥菜

芥菜的花

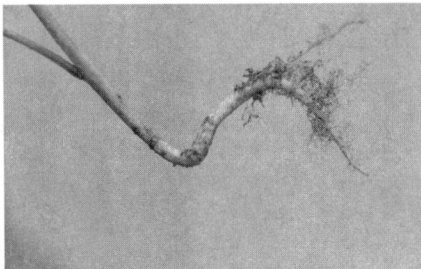

芥菜的根

称大头菜。2 年生。④薹芥。又称天菜或葱菜。2 年生，花茎肥大。

◆ 栽培

喜冷凉润湿，忌炎热、干旱，稍耐霜冻。适于种子萌发的旬平均温度为 25℃，适于叶片生长的旬平均温度为 15℃，最适于食用器官生长的温度为 8 ～ 15℃；但茎用芥菜和结球芥（包心芥）食用器官的形成要求较低的温度，一般叶用芥菜对温度要求不严格。一般采用育苗移栽。幼苗受蚜虫为害可感染病毒病，常用反光银灰色塑料薄膜做成有间隔的条状小棚覆盖育苗加以防治。

◆ 用途

芥菜含有硫代葡萄糖苷，经水解后产生挥发性的异硫氰酸化合物、硫氰酸化合物及其衍生物，具有特殊的风味和辛辣味。新鲜的芥菜除含硫胺素、核黄素和烟酸外，每 100 克鲜重约含维生素 C 40 毫克，含氮物质 12%。茎用芥菜经加工制成榨菜后，其所含的蛋白质分解成 16 种

芥菜的叶

氨基酸，其中谷氨酸最多，故滋味鲜美，以中国重庆和浙江的榨菜最为著名。叶用芥菜如大叶芥的叶片或中肋、叶瘤芥的叶柄、包心芥的叶球、分蘗芥的分蘗以及其他类型的芥菜，都可鲜食或加工。例如，四川的冬菜和芽菜、贵州的盐酸菜、福建的糟菜和腌菜、广东惠阳的梅菜、浙江的雪里蕻等就是芥菜的叶柄、短缩茎或花薹幼嫩部分的加工品；潮州咸菜是包心芥的加工品；云南大头菜则

是根用芥菜的加工品。芥菜的种子可磨研成末，供调味用。

姜

姜是姜科姜属多年生宿根草本植物。又称生姜。作一年生蔬菜栽培，以根状茎供食用。姜原产于东南亚，栽培地区主要分布在亚洲的热带至温带。

◆ **形态特征**

株高 60～80 厘米，地上茎为假茎，由叶鞘组成，从地下根状茎两侧发生指头状分枝。根状茎肉质，黄色。叶披针形。一般不开花，在热带地区当根状茎瘦小时才抽花茎，顶端着生淡黄色花苞。

◆ **栽培**

性喜温暖，植株生长适温为 22～25℃，5℃ 以下生长停止。适宜各种土壤，但以微酸性肥沃砂壤生长最好。在热带地区，春季随时可从姜田拔取姜苗栽种，或掘出姜株分株繁殖；亚热带及温带则用根状茎作种繁殖。一般在 25～28℃ 催芽，待芽长 1～2 厘米时播种。喜阴而不耐强光，出苗前后需遮阴，秋凉时拆除。种姜在栽培过程中并不会烂掉，前期所含的养分用于形成姜苗；中后期又从姜苗获得养分，形成老姜。当年形成的根状茎，通称嫩姜。老姜耐贮藏，辣味浓，商品价值和调味品质均优于嫩姜。主要病害为姜腐病，

姜

通称姜瘟，可通过排水、选用无病姜块作种和轮作等防治。

◆ 用途

姜含有挥发油和姜辣素，即姜油酮（$C_{11}H_{14}O_3$）和姜油酚（$C_{17}H_{20}O_2$），具有独特香辣味，是重要的调味品。可酱渍、糖渍、制姜干和提取姜油。中医学上姜还具有健胃、祛寒、发汗和解毒等药效。

蒜

蒜是百合科葱属一年生或二年生草本植物。又称蒜头、胡蒜、葫。以鳞茎（蒜头）、花茎（蒜薹）、幼株（蒜苗或青蒜）作为传统蔬菜和重要调味品。

蒜的叶

蒜原产于亚洲西部或欧洲，世界各国均有分布。汉朝时从西域引入中国，南北普遍栽培，主产区分布在山东、江苏、四川、云南等地。

◆ 形态特征

浅根性作物，线状须根无主根；短缩茎周围长出须根，数量 50 ～ 100 条，长 30 ～ 50 厘米，主要根群分布在 5 ～ 25 厘米土层，横展范围 30 厘米。

蒜的鳞茎（蒜头）

鳞茎（蒜头）球形至扁球形，

由 6～10 个肉质、瓣状的小鳞茎（蒜瓣）紧密排列组成，外包灰白色或淡紫色的膜质鳞被。按照蒜头外皮的色泽，可分为紫皮蒜和白皮蒜。叶基生，叶鞘管状，叶身宽条形至条状披针形，扁平，顶端长渐尖，比花葶短，宽可达 2.5 厘米；叶鞘相互套合形成假茎，具有支撑和营养运输的功能。花茎直立，高约 60 厘米。伞形花序，花稠密常不结实，具苞片 1～3 枚，膜质；花被片 6，粉红色，椭圆状披针形；雄蕊 6，雌蕊 1。

◆ **生长习性**

属喜冷凉作物，尤其是发芽期和幼苗期适宜较低的温度。发芽始温为 3～5℃，发芽及幼苗期最适温度为 12～16℃。花芽、鳞芽分化期适宜温度为 15～20℃，抽薹期为 17～22℃，鳞茎膨大期为 20～25℃。大蒜是低温长日照作物，绿体春化类型，0～4℃ 的低温下 30～40 天通过春化，通过春化阶段后，需要长日照才能抽薹。长日照也是鳞茎膨大的必要条件，日照在 12 小时以下时难以形成鳞茎。随着花梗的伸长，花蕾迅速露出叶鞘，形成蒜薹，在蒜薹顶端花序丛间生长着许多小的气生鳞茎，一般每个总苞内有 10～30 个气生鳞茎，这些小蒜瓣又称"天蒜"，可用作播种材料。对土壤要求不严，但在富含有机质、疏松透气、保水排水性强的肥沃壤土上生长良好。

◆ **栽培**

以采收青蒜为目的的，种植密度大，播种期要求不严，还可进行反季栽培。以采收蒜薹、蒜头为目的的，一般在秋季 8 月下旬到 10 月上旬播种，多数地区以 9 月上旬播种为宜。条播，行距 15～18 厘米，株距 12～15 厘米，每亩种植 2.5 万～3 万株，覆土 3 厘米。大蒜的根系弱，吸收力差，而需肥又多，施肥宜多次、少量。花序的苞叶伸出叶鞘 10～15 厘米时即可采收蒜薹，蒜薹采收后 20～30 天采收蒜头。

◆ 用途

蒜的营养丰富，具有特殊的香辛气味，不仅是人们日常生活中的蔬菜和调味品，而且还具有较高的医疗保健功效。蒜苗可四季生产，分期采收，或在不见光的条件下生产蒜黄。整株可炒、煮、凉拌；蒜薹炒或凉拌；蒜头可生食或做成调味品。蒜瓣中不仅含有丰富的维生素、氨基酸、矿质元素等营养成分，还含有丰富的有机硫化物，其中最主要的活性成分、大蒜中含量最高的含硫氨基酸是蒜氨酸。蒜被切开或碾碎后，细胞内含有的蒜酶将蒜氨酸转化成大蒜辣素，进一步分解成大蒜素，是其特殊香辣风味的来源及医学功能的主要成分，具有良好的抗病原微生物、抗肿瘤、降血糖、降血脂、增强免疫力及预防和治疗心血管疾病的功效。

葱

葱是百合科葱属多年生宿根草本植物。以叶鞘和叶片供食用。葱在中国自古栽培，2000 多年前的《尔雅》中已见记载。

◆ 形态和类型

叶片管状，中空，绿色，先端尖，叶鞘圆筒状，抱合成为假茎，色白，通称葱白。分生组织在叶鞘基部，葱叶收割后仍能继续生长。茎短缩为盘状，茎盘周围密生弦线状根。伞形花序球状，位于总苞中。花白色，每花结种子6粒，千粒重3～3.5克。

露地栽培的葱

葱可分为普通大葱、分葱、楼葱和胡葱。①普通大葱。中国的主要栽培种为普通大葱，可按假茎的高度分为长白葱（梧桐葱）、中白葱（鸡腿葱）和短白葱（秤砣葱）3个类型。②分葱。叶色浓，葱白为纯白色，辣味淡，品质佳。③楼葱。又名龙爪葱。洁白而味甜，葱叶短小，品质欠佳。④胡葱。多在南方栽培，质柔味淡，以食葱叶为主。

◆ **栽培**

普通大葱耐寒，-10℃可不受冻害，在中国东北部也可露地越冬。生长适温为20～25℃。根系弱，极少根毛。适宜肥沃的砂质壤土。采用种子繁殖。以收葱白为目的的，多在秋季或早春育苗，入夏开沟栽植，生长期间分次培土并结合追肥，以利葱白形成，冬初收获。以收绿葱为目的的，则从春到秋随时可以播种。分葱多在秋季分株繁殖，第二年早春收获。常见病害有紫斑病、霜霉病、软腐病和锈病，虫害有葱蛆和蓟马等。

◆ **用途**

葱含有挥发性硫化物，具特殊辛辣味，是重要的解腥、调味品。葱白甘甜脆嫩。葱叶和葱白含维生素C、胡萝卜素和磷较多。中医学认为葱有杀菌、通乳、利尿、发汗和安眠等药效。

洋　葱

洋葱是百合科葱属二至三年生草本植物。又称葱头、圆葱。以鳞茎作蔬菜食用。

洋葱起源于亚洲西部阿富汗、伊朗至中亚一带，后传至世界各地。公元前3200～前2780年，埃及古冢中发现关于金字塔建筑工人购买洋葱和大蒜作蔬菜的碑文。以美国、日本、印度、俄罗斯、中国栽培最多，西班牙、土耳其、埃及、巴西等国也有种植。

◆ 形态和类型

株高80～100厘米。根弦状，无主根。茎极度短缩，呈扁平盘状，即鳞茎盘。叶筒状，中空，横切面近长方形，叶面披蜡粉，多层叶鞘相互抱合而成假茎。叶鞘基部随生长而逐渐增厚，形成肉质鳞茎，内生幼芽。花序柄从鳞茎中央抽出，顶端着生球状花序，外包总苞。开花时总苞裂开长出许多小花，聚成伞房花序。

洋葱

可分为三个类型：①普通洋葱。每株通常只形成一个鳞茎，用种子繁殖，品种较多。按鳞茎颜色可分为白皮种、红皮种和黄皮种；按其对光照及温度的要求不同，还可分为早熟种、中熟种和晚熟种。②分蘖洋葱。分蘖基

部形成一个小鳞茎，通常不结种子，用小鳞茎繁殖。③顶球洋葱。在花
序上着生许多气生小鳞茎，不结种子。主要作腌渍用。

◆ 生长习性

洋葱性耐寒。种子和鳞茎可在 3 ～ 5℃
低温下缓慢发芽，12℃ 以上发芽迅速，幼
苗生长适温为 12 ～ 20℃，鳞茎膨大适温
为 20 ～ 26℃。开花和鳞茎膨大均需较长
的光照，但品种之间有很大差别，故又可
按鳞茎形成所需日照长短分为短日型、长
日型和中间型。

◆ 栽培

一般秋季育苗。中国北方冬前假植于

洋葱的鳞茎

背阴处或埋入菜窖，翌年早春定植。江淮以南地区冬前露地定植。栽植
不宜过深，以埋土至茎盘上为度。当植株下部叶子变黄、颈部变软、上
部向下弯曲时即可收获，晾晒收藏。

◆ 用途

洋葱含有植物杀菌素，以及无机盐、挥发油、糖、蛋白质和维生素
等。除以新鲜鳞茎作蔬菜外，也可脱水加工。

芫 荽

芫荽是伞形科芫荽属一年生或二年生草本植物。又称胡荽、香菜、
香荽。以嫩叶作调料蔬菜食用。

芫荽原产于地中海沿岸及中亚地区。汉代张骞出使西域时引入中国，8～12世纪传入日本。中国南北地区都有栽培。

◆ **形态特征**

植株高20～100厘米。根纺锤形，细长，白色，主根较粗大，侧根发生不规则。根生叶长5～40厘米，叶片一或三回羽状全裂，羽片广卵形或扇形半裂，长1～2厘米，宽1～1.5厘米，边缘有钝锯齿、缺刻或深裂；上部的茎生叶三回至多回羽状分裂，末回裂片狭线形，长5～10毫米，宽0.5～1毫米，顶端钝，全缘。伞形花序顶生或与叶对生，花序梗长2～8厘米；伞辐3～7，长1～2.5厘米；小总苞片2～5，线形，全缘；小伞形花序有孕花3～9，花白色或带淡紫色。果实圆球形，背面主棱及相邻的次棱明显；胚乳腹面内凹；油管不明显，或有1个位于次棱的下方。

芫荽

◆ **栽培**

性喜冷凉，能耐 -1～2℃ 的低温，但也能耐热。生长适温17～20℃，超过20℃生长缓慢，30℃则停止生长。芫荽对土壤要求不严，但土壤结构好、保肥保水性强、有机质含量高的土壤有利于芫荽生长。长日照能促进发育。在短日照条件下，须经月平均气温13～14℃以下的较低温度才能抽薹开花，故在日照较短、天气凉爽的秋季（南方是秋末冬初）栽培时，茎、叶的产量高、品质好。中国多数地区以秋播为主，一般是作畦种植。苗高 3 ~ 4 厘米时除草疏苗，保持苗距 5 ~ 8 厘米。出苗后 50 ~ 60 天收获。主要病害有菌核病、叶枯病、斑枯病、根腐病和白粉病。

◆ **用途**

芫荽具特殊香味，是中国生熟菜肴的调味品。营养丰富，含维生素 C、胡萝卜素、维生素 B_1、维生素 B_2 等，其中胡萝卜素含量在蔬菜中名列前茅；含有丰富的矿物质，如钙、铁、磷、镁等；其挥发油含有甘露糖醇、正葵醛、壬醛和芳樟醇等，可开胃醒脾；此外还含有苹果酸钾等。中医学上以果实入药，有祛风、透疹、健胃及祛痰等功效。种子含油量达 20% ~ 30%，可提炼芳香油。

紫　苏

紫苏是唇形科紫苏属 1 年生草本植物。以其的干燥叶、茎、成熟果实入药，药材名依次称紫苏叶、紫苏梗及紫苏子。也可供香料用。又称红紫苏、皱紫苏、苏麻等。

在中国，分布于华北、华东、华南、西南地区。不丹、印度、中南半岛、印度尼西亚、日本、朝鲜已被广泛栽培。

◆ **形态特征**

有特殊芳香。茎钝四棱形，具 4 槽。叶对生，叶阔卵形或圆形，两面绿色或紫色，或仅下面紫色。轮伞花序 2 花，组成顶生或腋生偏向一侧、密被长柔毛的假总状花序，每花有 1 苞片；花萼钟状；花冠白色至紫红色。雄蕊 4，雌蕊 1，子房 4 裂。小坚果倒卵形，灰褐色。花期 8 ~ 11

月，果期 8 ～ 12 月。

◆ **生长习性**

耐阴，喜光，耐湿，怕涝。适宜沙壤土或富含腐殖质壤土。株高 15 ～ 20 厘米以上时，基部第 1 对叶片的叶腋间萌发幼芽（侧枝）。4 月下旬出苗，植株生长发育适温为 15 ～ 25℃。7 月底以后陆续开花，从开花到种子成熟约需 1 个月。

◆ **繁殖方法**

紫苏用种子繁殖，分直播和育苗移栽。

◆ **栽培管理**

选择含腐殖质丰富的沙壤土、壤土。深耕并施基肥。4 月上旬至 5 月中旬移栽。窝栽。成活后 10 天左右，6 月底 7 月初中耕除草、培土、追肥。夏季及时浇水抗旱，雨季及时清沟排渍。摘除顶端茎尖。病虫害发生少。

◆ **采收与加工**

5 月下旬至 6 月上旬、8 月中下旬至 9 月上旬采叶，阴干。亩产干品 100 ～ 200 千克。

◆ **价值**

紫苏可供香料用，也可供药用。紫苏叶味辛，性温。归肺、脾经。具有解表散寒、行气和胃功效。用于风寒感冒，咳嗽呕恶，妊娠呕吐和鱼蟹中毒。主含挥发油类、黄酮

紫苏

和花色苷类、酚酸类、苷类、三萜类和甾体。紫苏子味辛，性温。归肺经。具降气化痰，止咳平喘，润肠通便等功效。用于痰壅气逆，咳嗽气喘，肠燥便秘。紫苏梗味辛，性温。归肺、脾经。具有理气宽中，止痛，安胎功效。用于胸膈痞闷，胃脘疼痛，嗳气呕吐，胎动不安。

胡芦巴

豆科胡芦巴属一年生有毒草本。别称香草、香豆、芸香。

◆ **地理分布**

分布于地中海东岸、中东、伊朗高原以至喜马拉雅地区。在中国"三北"地区和中南等地均有栽培。胡芦巴抗寒，生长迅速，喜冷凉、干旱气候，对土壤、气候的适应性强。中国胡芦巴适合生长地区是宁夏、甘肃、青海、新疆、内蒙古等地。新疆记载的5种野生胡芦巴，多产于北疆地区，喜生于荒漠、半荒漠地带及沙石质山坡、平原和河滩等地。

◆ **形态特征**

全株有特殊香味，株高40～80厘米，茎直立，多分枝，被稀疏柔毛。叶互生，托叶与叶柄相连合，羽状复叶，有三片小叶，中间小叶较大，叶片长卵圆形或宽披针形，先端钝圆，基部楔形，上部边缘有锯齿，下部全缘，两面均有稀疏长柔毛。花1～2朵腋生，无花梗，花萼筒状，有白色柔毛，花冠蝶形，白色或淡黄白色，基部稍带紫堇色，旗瓣矩形，长11～18毫米。荚果细长圆筒形，长5.5～11厘米，直径约0.5厘米，直或稍弯，先端呈尾状，稍被疏柔毛，表面有纵长脉纹。种子10～20粒，长圆形，黄棕色，两面各有1条深斜沟。花期为4～6月，果期为7～9月。

◆ **毒性与危害**

嫩枝、花和果实有毒，主要有毒成分为胡芦巴碱。一般少量采食无毒或毒性小，但大量食用可引起急性中毒，引起肌肉变性，出现类似维生素 E 缺乏症状。

以绵羊中毒最常见，一般少量采食不中毒，但缺草时如大量采食可引起急性中毒。绵羊大量采食新鲜胡芦巴 2 ～ 3 小时后出现中毒症状，表现为流涎、腹痛、腹胀、腹泻，粪便中混有黏膜和血液，四肢肌肉痉挛，跛行，后期卧地不起，呼吸困难，抽搐，死亡。据资料记载，在新疆某地区，4 月下旬某牧户 293 只绵羊在生长有胡芦巴草场上放牧，2 小时后有 276 只发生中毒，死亡 235 只，死亡率达 85%。

◆ **防控技术**

在胡芦巴开花前后不要在长有胡芦巴的地区放牧牲畜，一旦发现中毒，立即转移畜群。对中毒病畜可用活性炭等吸附剂灌服或洗胃，同时配合注射葡萄糖溶液、维生素 K、维生素 C、硫代硫酸钠等有一定疗效。

◆ **其他用途**

药用。胡芦巴种子入药，性味苦、温，有温肾助阳、祛寒止痛的功效。在中药方剂中用以治疗肚腹胀满，胃寒作痛，肾虚浮肿，腰胯无力，阳痿早泄等症。外用可治脓疡，有抗癌作用，可防治高山病。其种子含薯蓣皂素等物质，是制造口服避孕药的材料。

饲用和食用。栽培胡芦巴鲜嫩植株或阴干后可供饲用，北非和亚洲印度作为饲用植物栽种，尤其适于大家畜。野生胡芦巴植株在干枯后可让家畜采食。胡芦巴种子提取浸膏后的下脚料中蛋白质含量达 50%，并含多种动物必需氨基酸，可作鱼和畜禽饲料。栽培胡芦巴鲜嫩茎叶可作蔬菜食用，种子烘干磨成粉还可作咖啡代用品。

用作香料。胡芦巴全草有特殊香味，在开花期割下，晒干磨成粉，中国西北各地群众常用作花卷等面食调料，或放在箱柜中用以防虫。胡芦巴种子含香精成分（香豆素），用它提取的香精浸膏香气甜醇，稳定持久，是重要工业香料，国际上多用于制烟业。

工业用途。胡芦巴种子含多糖类植物胶，在纺织、印染、医药、造纸等方面有重要用途，用以配制水冻胶石油压裂液，可提高油井采油量。

云木香

云木香是菊科云木香属唯一种多年生草本植物。又称广木香、青木香。以其干燥根入药，药材名云木香。云木香在中国主要种植于云南、重庆、四川、湖北、陕西等地。

◆ 形态特征

株高 1.5～2 米。主根粗壮，直径 5 厘米。茎直立，有棱，基部直径 2 厘米，上部有稀疏的短柔毛，不分枝或上部有分枝。基生叶有长翼柄，下部与中部茎叶有具翼的柄或无柄，叶片卵形或三角状卵形，长30～50 厘米，宽 10～30 厘米，边缘有不规则的大或小锯齿；上部叶渐小，无柄或有短翼柄；全部叶上表面褐色、深褐色或褐绿色。头状花序单生茎端或枝端；总苞直径 3～4 厘米，半球形，黑色；总苞片 7 层，全部直立；小花暗紫色，长 1.5 厘米。瘦果浅褐色，三棱状，长 8 毫米，有黑色色斑，顶端截形，具有锯齿的小冠；冠毛 1 层，浅褐色，羽毛状，长 1.3 厘米。花期 5～7 月。果期 8～10 月。

◆ 生长习性

耐寒喜湿性植物。喜冷凉、湿润的气候条件，多长于海拔 2000～3500 米、土壤肥沃、排水良好、pH 为 6.5～7、土层深度大于 0.5 米的种植环境中，多为肥沃且富含腐殖质的生草灰化土(俗称黑油沙土)。一般在栽种 2～3 年后的 9～10 月间等叶枯黄后进行采挖。

◆ 繁殖方法

以种子直播为主，可春、秋、冬三季播种。也可用直径 3～5 毫米的细根进行无性繁殖。

◆ 栽培管理

选地与整地

云木香宜选在海拔 2500～3200 米且坡度为 15 度的深土层缓坡地、台地种植，以疏松肥沃的沙壤土为宜。深翻土垡后进行曝晒。播种前撒施有机肥（厩肥、堆肥或腐殖土），然后整细耙平，做畦，畦面上覆盖黑色地膜。

田间管理

云木香田间管理项目主要有：①定植。苗期一般需间苗 2 次，分别在苗高 5 厘米和第 4 片真叶长出时检查苗子，按每 15 厘米留 1 株，穴栽每穴留 2 株。②除草。尽早除草。第 1 年除草 3～4 次，第 2～3 年苗长大封垄后，可适当减少中耕除草次数，同时进行松土。③施肥。各期均可施肥，基肥用量应占施肥总量的 60%～70%，化肥以尿素、硫酸钾、过磷酸钙为主。④水分管理。一般情况下不需灌溉，雨季要及时排水防涝，若遇干旱，要及时在傍晚浇水。⑤打顶去蕾。第 2 年 5 月开始抽薹开花，需打顶去花蕾，以增加根产量。

病虫害防治

云木香栽培过程中常见病虫害有以下几种。①根腐病。常发生在中后期，发病根部逐渐腐烂、变黑，地上部分枯萎死亡。防治方法：发病初期采用药剂灌根。②早疫病。多发生在 8 ～ 9 月云木香生长盛期。防治方法：发病初期采用药剂灌根；及时除去基部的老黄病叶，在冬季注意清除田间病残植株体。③银纹夜蛾。防治方法：早春时将前茬秸秆清除；诱杀成蛾；采用药剂灌心毒杀。

◆ **采收加工**

云木香的采挖时间在栽后第 2 ～ 3 年的 10 ～ 11 月中旬。将根全部挖出，切忌用水洗，切除经分选后新鲜根的须根和芦头，再将主根切成 5 ～ 15 厘米的截断，曝晒或用烤箱烘干。干燥后，去除须根、粗皮、泥沙，至主根表面呈棕灰色时即得云木香生品。或将云木香切片未干燥后，在铁丝匾中放 1 层草纸，1 层木香片，置炉火旁或烘干室内，烘煨至木香中所含的挥发油渗至纸上，取出即可得煨木香。

◆ **药用价值**

药材云木香味辛、苦，性温。归脾、胃、大肠、胆经。具行气止痛、健脾消食、安胎之功效。中医临床上主要用于治疗胸脘胀痛，

云木香

泻痢后重，食积不消，不思饮食、顽固性呃逆等症。含挥发油、云木香碱、菊糖及甾醇等化合物，挥发油为云木香主要成分。随着研究的不断深入，云木香主要应用于医药和香料领域。中国有多个厂家生产以云木香为原料的中成药。挥发油提取的精油用于调配高级香水、香精及化妆品，也可作食用调料。

迷迭香

迷迭香是被子植物真双子叶植物唇形目唇形科迷迭香属的一种。名出《本草拾遗》。原产于欧洲地中海地区，中国引种栽培。

多年生常绿小灌木。高可达2米，全株有香气。树皮深灰色，不规则开裂或脱落。幼枝密被白色星状绒毛。叶簇生，无柄或具不明显短柄。

迷迭香

叶片条形，革质，长1～3厘米，宽约2毫米。上表皮常具光泽，近无毛，下表皮密被白色星状绒毛。叶全缘，先端钝，叶缘反卷。花簇生叶腋，常在短枝上组成密集的顶生总状花序。萼筒二唇形，钟状，外壁密被白色星状绒毛及腺毛。花冠蓝紫色，短小，长度不及1厘米，2唇形，上唇裂片2枚，下唇裂片3枚。雄蕊2枚，花药2室，仅1室能育。雌蕊柱头不等2裂。小坚果4枚，卵球形，表皮光滑。

迷迭香用途广泛，是著名的香料植物，同时又是重要的药用及观赏植物。中药学认为其具有健胃、发汗、安神等功效。

陈 皮

陈皮是一种理气药。又称橘皮、贵老、黄橘皮。始载于《神农本草经》。芸香科植物橘及其栽培变种的干燥成熟果皮。

◆ 产地和分布

柑橘广泛栽培于中国长江以南各地，以广东及福建质量最佳，四川等地产量多。在江苏、安徽、浙江、江西等地均有栽培。

秋末冬初（10～12月）采摘成熟果实，剥取果皮，晒干或低温干燥。商品药材主要来自栽培。

◆ 性状

陈皮分为"陈皮"和"广陈皮"。

陈皮常剥成数瓣，基部相连，有的呈不规则的片状，厚1～4毫米。外表面橙红色或红棕色，有细皱纹和凹下的点状油室；内表面浅黄白色，粗糙，附黄白色或黄棕色筋络状维管束。质稍硬而脆。气香，味辛、苦。

广陈皮常3瓣相连，形状整齐，厚度均匀，约1毫米。外表面橙黄色至棕褐色，点状油室较大，对光照视，透明清晰。质较柔软。

◆ 药性和功用

陈皮味苦、辛，性温，归肺、脾经。具有理气健脾、和中止痛、宣肺止咳、燥湿化痰、散结消痈功能，用于脾胃气滞、脘腹胀满、食少吐泻、咳嗽痰多、痰湿壅滞、胸痹、呃逆、便秘等症。

◆ **成分和药理**

陈皮主要含黄酮（橙皮苷、新橙皮苷、川陈皮素和橘皮素等）、挥发油（陈皮挥发油、广陈皮挥发油、右旋柠檬烯、β-月桂烯等）、生物碱、肌醇、维生素、胡萝卜素等，具有兴奋心脏、调节胃肠平滑肌、保肝、利胆、祛痰、扩张支气管、抗炎、抗氧化、抗肿瘤等作用。

◆ **用法和禁忌**

陈皮可治脾胃气滞证，与党参、白术配伍，可用于脘腹胀满、食少吐泻、嗳气吞酸等。与枳实、生姜配伍可行气止痛治胸痹。同时，陈皮味苦燥湿，辛温暖脾可温化水湿，故为治痰理咳要药。还能散结消痈，与甘草同用可治乳痈初起。行气化滞利谷道，可单用，亦可与桃仁、杏仁同用。另外，陈皮药食同源，能用于食物烹调，还可作为化痰止咳、顺气解渴的休闲食品。

煎服用量 3 ～ 10 克，或入丸散剂。不宜与半夏、南星同用；不宜与温热香燥药物同用。气虚者、阴虚燥咳、吐血、衄血及舌赤少津、内有实热者慎服。

百里香

百里香是被子植物真双子叶植物唇形目唇形科百里香属的一种。又称地椒。名始见《中国植物志》。因香气浓郁而得名。分布于中国西北至华北，生于海拔 1100 ～ 3600 米的石山、山坡、草地和山谷。

半灌木，多茎，高 2 ～ 10 厘米，基部及花序下部疏生柔毛。叶对

生。下部茎生叶的叶柄可达叶片长度一半，上部茎生叶具短柄。叶片卵

形，长可达 1 厘米，无毛，被腺点。

叶基楔形。头状花序。基部小苞

片早落。花萼筒管钟状或狭钟状，

二唇形，基部被长柔毛，上部近

无毛。花冠紫红色，紫色或粉红色，

疏被柔毛；上唇直伸，先端微凹；

下唇开展，3 裂。雄蕊 4 枚，2 强，

百里香

花药 2 室。雌蕊柱头 2 裂。小坚果卵球形至近圆形。花期 7 ～ 8 月，果

期 9 ～ 10 月。

全草入药，有健脾、祛风止痛之功效。

第 **6** 章

调味料酒

黄 酒

黄酒是以稻米、黍米、黑米、小麦为原料，加曲和酒母作糖化发酵剂，酿制而成的发酵酒。

成品的酒精含量在 15%～18%（体积分数），还有一定含量的糖、有机酸、酯、醛和低分子蛋白，特别是游离氨基酸的含量达 400～500 毫克/100 毫升，是氨基酸含量最丰富的酒种。色橙黄，清亮透明，有独特的浓郁香气，味醇和、鲜美，营养成分丰富。黄酒除作饮料酒外，还可作中药引子和丸散膏丹的重要辅料及烹调菜肴的调味料等。

◆ 发展简况

黄酒是中国历史最为悠久的传统饮料酒。以浙江绍兴生产的黄酒最为有名，此外还有即墨黄酒。黄酒的主要产区为浙江、江苏、江西、福建、台湾、上海等地区，其中浙江的产量占总产量的 60%。各地所产的

黄酒

黄酒，由于原料、曲和酿造工艺的差异，品种繁多，各具地方特色。黄酒的传统生产方法都是作坊式的手工操作，在低温的冬季开始生产，采用缸、坛、竹木等器具，肩挑人抬，劳动强度很大。20 世纪 60 年代开始对传统工艺和设备进行改造，相继用连续蒸饭机代替土灶木甑，用纯种麦曲和酒母代替自然培养的麦曲和淋饭酒母，用容积为 30 ～ 60 立方米的碳钢涂料罐代替缸、坛等发酵容器，用气囊式板框压滤机代替笨重的木榨，用列管式连续煎酒器代替煎壶，使黄酒生产的前段工序实现了机械化。

◆ **类型**

按原料分为稻米黄酒和非稻米黄酒，按成品酒中糖的含量分为干黄酒、半干黄酒、半甜黄酒、甜黄酒、浓甜黄酒 5 类。绍兴酒是黄酒的典型代表，主要品种有元红酒、加饭酒、善酿酒和香雪酒。

◆ **原料与生产**

发酵是黄酒生产的关键步骤。黄酒醪液发酵属开放型，物料不需经过严格的杀菌，利用控制温度和通气量来调节各种微生物之间的平衡，维持正常发酵。防止醪液变酸（酸败）是酿造黄酒的关键。由于糖化和发酵同步进行，不形成高浓度的糖，缓和了对酵母的损害作用，曲和米饭等固形物能促进酵母的繁殖和发酵，米中的蛋白质和维生素 B_1 有利于除去发酵中产生的高级醇等有害副产物；长时间的低温（15℃ 左右）后发酵，能产生高达 18% ～ 20%（体积分数）的酒精。

①水是重要原料之一，应符合酿造用水要求。传统法生产绍兴酒还

使用一部分浸糯米产生的酸水（浆水）来调节酒醪的酸度，补充酵母需要的营养和生长素，增加成品酒的风味。

②米、黍米、玉米都能作为酿造黄酒的原料。其中以糯米酿制的黄酒品质最佳，口味醇厚。粳米酿成的酒口味较淡薄。山东即墨、辽宁大连等地以黍米为原料酿酒，产品有独特的焦香味。1982年开发用玉米酿制黄酒的新工艺。

③曲是酿造黄酒的糖化剂，有些曲还兼有一定的发酵剂作用，对成品酒的香味、口味起重要作用。不同的曲酿成的酒的风格也不相同，主要品种有麦曲、酒药（小曲）和红曲等。麦曲是将小麦轧碎加水制成曲块，保温保湿培养而成。由于曲霉、根霉、酵母等有益微生物的生长，产生能起液化和糖化作用的淀粉酶类。自然培养的生麦曲液化力和糖化力较低，用曲量大；人工接入纯种培养的麦曲，液化力和糖化力高，可减少用曲量，但酿成的酒香味不如前者。酒药是在米粉或米糠、麸皮中接入曲种，加适量水拌匀制成曲粒，保温保湿培养而成。主要微生物为根霉和酵母。它是中国特有的菌种保存方法。用量为原料米量的0.3%～0.6%。红曲是将大米经浸泡、蒸熟，接入红曲种培养而成的紫红色米曲。它是福建、浙江南部酿酒的主要糖化发酵剂，还是消食化滞的良药和食品着色剂。以福建古田产的红曲最为有名。

④酵母菌的发酵性能也是决定成品酒风味的重要因素。传统法酿造采用淋饭酒母提供自然培养纯化的酵母菌种。为防止黄酒发酵醪液在酿造过程中产生酸败，机械化生产都采用纯种培养酒母。

◆ **生产流程**

黄酒的生产流程见下图。

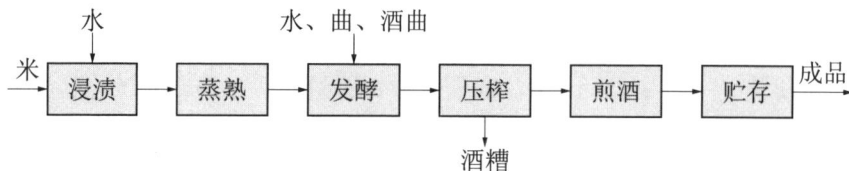

黄酒的生产流程示意图

啤　酒

啤酒是以麦芽（包括特种麦芽）为主要原料，加啤酒花，经酵母发酵酿制而成的含二氧化碳的起泡低酒精度（体积分数 2.5% ～ 7.5%）发酵酒。

国际上的啤酒大部分均添加辅助原料，中国销售啤酒一概不使用辅助原料。啤酒具有独特的苦味和香味，营养丰富，含有各种人体所需的氨基酸及多种维生素（如维生素 B_1、维生素 B_2、维生素 B_6）以及矿物质等。

◆ **发展简况**

已知最古老的酒类文献，是公元前 6000 年左右巴比伦人用黏土板雕刻的献祭用啤酒制作法。公元前 4000 年美索不达米亚地区已有用大麦、小麦、蜂蜜制作的 16 种啤酒。公元前 3000 年起开始使用苦味剂。啤酒的酿造技术是由埃及通过希腊传到西欧的。中世纪以前，啤酒多由妇女在家庭酿制。到中世纪，啤酒酿造已由家庭生产转向修道院、乡村的作坊生产，并成为修道院生活的一项重要内容。在中世纪的德国，啤酒酿造业主结成强大的同业公会。使用啤酒花作苦味剂的德国啤酒也已输往国外，不来梅、汉堡等城市因此而繁荣起来。19世纪初，英国的啤酒生产工业化，年产量达2万千升。在美洲大陆，17世纪初由荷兰、英国的新教徒带入啤酒技术，1637年在马萨诸塞建立最初的啤酒工厂。不久，啤酒工业迅速发展，使美国成为超过德国的啤酒生产大国。1881年，E.C.汉森发明酵母纯粹培养法，使啤酒酿造科学有了飞跃的进步，由神秘化和经验主义走向科学化。如今，啤酒已成为全世界消费量最大的酒种。

在中国，1900年俄国人在哈尔滨首先建立乌卢布列希夫斯基啤酒厂；1903年德国人和英国人合营在青岛建立日耳曼啤酒公司青岛股份公司（青岛啤酒厂前身）。此后，不少外国人在东北和天津、上海、北京等地建厂。如上海斯堪的纳维亚啤酒厂（原上海啤酒厂前身）建于1920年，哈尔滨啤酒厂建于1932年，上海怡和啤酒厂（原华光啤酒厂前身）建于1934年，沈阳啤酒厂建于1935年，北京麦酒株式会社（北京啤酒厂前身）建于1941年等。中国人最早自建的啤酒厂有：1904年在哈尔滨建立的东北三省啤酒厂、1914年建立的五洲啤酒汽水厂、1915年建立的北京双合盛啤酒厂、1920年建立的山东烟台醴泉啤酒厂（烟台啤酒厂前身）、1935年建立的广州五羊啤酒厂（原广州啤酒厂前身）。1949年以前，全国啤酒厂不到10家，产量不足万吨。1949年后，中国啤酒工业发展很快，并逐步摆脱原料完全依靠进口的落后状态。1979年产量达51万千升，1986年产量达400万千升，1992年起超过1000万千升，1999年超过2000万千升。2023年中国的啤酒产量为3555.5万千升。

◆ **啤酒原料**

啤酒的原料为大麦、酿造用水、酒花、酵母及淀粉质（或糖质）辅料。①大麦。适用于啤酒酿造的大麦为二棱或六棱大麦。二棱大麦的浸出率较高,溶解度较好;六棱大麦的农业单产较高,麦芽溶解度不大稳定。②酿造用水。通常,软水适于酿造淡色啤酒,碳酸盐含量高的硬水适于酿制浓色啤酒。③酒花。又称啤酒花。使啤酒具有独特的苦味和香气,并有防腐和澄清麦芽汁的能力。④玉米。玉米淀粉的性质与大麦淀粉大致相同。是国际上用量最多的辅助原料。⑤大米。淀粉含量高,浸出率也高,含油质较少。是中国用量最多的辅助原料。⑥小麦。德国的白啤酒以小麦芽为主要原料,比利时的兰比克啤酒以大麦芽配小麦芽为辅料。

◆ 啤酒生产

啤酒生产大致可分为麦芽制造、啤酒酿造、啤酒灌装三个主要过程。

麦芽制造

啤酒大麦在人工控制的外界条件下,经发芽和焙燥制成酥脆香甜的大麦芽,称为制麦。麦芽制造有 6 道工序:①大麦贮存。刚收获的大麦有休眠期,发芽力低,要进行贮存后熟。②大麦精选。用风力、筛机除去杂物,按麦粒大小筛分成一级、二级、三级。③浸麦。在浸麦槽中用水浸泡 2 ~ 3 日,同时进行洗净,除去浮麦,使大麦的水分(浸麦度)达到 42% ~ 48%。④发芽。浸水后的大麦在控温通风条件下进行发芽,形成各种酶,使麦粒内容物质进行溶解。发芽适宜温度为 13 ~ 18℃,发芽周期为 4 ~ 6 日,根芽的伸长为粒长的 1 ~ 1.5 倍。长成的湿麦芽称绿麦芽。⑤焙燥。目的是降低水分,终止绿麦芽的生长和酶的分解作用,以便长期贮存;使大麦芽形成赋予啤酒色、香、味的物质;易于除去根芽。焙烤温度 82 ～ 85℃，焙燥后的大麦芽水分为 3% ～ 5%。⑥贮存。焙燥后的大麦芽，在除去根芽、精选、冷却之后放入混凝土或金属贮仓中贮存。

啤酒酿造

有 5 道工序，主要是糖化、发酵、储酒后熟 3 个过程。①原料粉碎。将大麦芽、大米分别由粉碎机粉碎至适于糖化操作的粉碎度。②糖化。将粉碎的大麦芽和淀粉质辅料用温水分别在糊化锅、糖化锅中混合，调节温度。糖化锅先维持在适于蛋白质分解酶作用的温度（45 ～ 52℃）。将糊化锅中液化完全的醪液兑入糖化锅后，维持在适于糖化酶作用的温度（62 ～ 70℃），以制造麦醪。麦醪温度的上升方法有浸出法和煮出法两种。用过滤机或过滤槽滤出麦汁后，在煮沸锅中煮沸，添加啤酒花，调整成适当的麦汁浓度后，进入回旋沉淀槽中分离出热凝固物，澄清的麦汁进入冷却器中冷却至 5 ～ 8℃。③发酵。冷却后的麦汁添加酵母送入发酵池或圆柱锥底发酵罐中进行发酵，用蛇管或夹套冷却并控制温度。发酵过程分为起泡期、高泡期、低泡期，一般发酵 5 ～ 10 日。发酵成的啤酒称为嫩啤酒。④后酵。为使嫩啤酒后熟，将其送入储酒罐中或继续在圆柱锥底发酵罐中冷却至 0℃ 左右，调节罐内压力，使二氧化碳溶入啤酒中，储酒期需 1 ～ 2 月。⑤过滤。为使啤酒澄清透明成为商品，啤酒在 -1℃ 下进行澄清过滤。过滤方式有硅藻土过滤、纸板过滤、微孔薄膜过滤等。

啤酒灌装

应尽量减少二氧化碳损失和减少封入容器内的空气含量，并保证符合卫生标准。①桶装。桶的材质为铝或不锈钢，30升为常用规格。桶装啤酒一般是未经巴氏灭菌的鲜啤酒。鲜啤酒口味好、成本低、但保存期不长，适于当地现售。②瓶装。为保持啤酒质量，减少紫外线的影响，一般采用棕色或深绿色的玻璃瓶。③罐装。1935年起始于美国，因运输携带方便，发展很快，但售价较高。④ PET（聚对苯二甲酸乙二酯）塑料瓶装。自1980年投放市场后，数量逐年增加。

◆ 啤酒类型

啤酒有多种分类方法。

以杀菌方式分，分为熟啤酒、生啤酒和鲜啤酒。

以发酵方式分，分为上面发酵啤酒和下面发酵啤酒。①上面发酵啤酒。在较高的温度下（15～20℃）进行发酵，起发快。发酵后期大部分酵母浮于液面，发酵期4～6天。生产周期短，设备周转快，啤酒有独特风味，但保存期较短。②下面发酵啤酒。主发酵温度低（不超过13℃），发酵过程缓慢（发酵期5～10天）。由于使用下面发酵酵母，在主发酵后期，大部分酵母沉降于容器底部。下面发酵的后发酵期较长，酒液澄清良好，泡沫细腻，风味好，保存期长。中国和大多数国家均采用下面发酵法生产啤酒。

以色泽分，分为三种：①淡色啤酒。色泽金黄，口味淡爽，酒花香味突出。②浓色啤酒。色泽红棕，口味醇厚，苦味较轻，麦芽香味浓。③黑啤酒。深红棕乃至黑褐色，原麦汁浓度高，口味醇厚，麦芽香味突出。

此外，尚有特种啤酒，如干啤酒、低醇啤酒、无醇啤酒、小麦啤酒、浑浊啤酒、冰啤酒等。

◆ **著名啤酒**

主要有产于捷克的比尔森啤酒，产于德国的多特蒙德啤酒和慕尼黑啤酒，产于英国的爱尔啤酒和司陶特黑啤酒，产于中国的青岛啤酒等。

◆ **啤酒的典型特征**

不论色泽深浅，均应清亮、透明，无混浊现象；注入杯中时形成泡沫并洁白细腻、持久、挂杯；有独特的麦芽、酒花香和苦味，浓色啤酒具有浓郁的麦芽香并酒体醇厚；含有饱和溶解的二氧化碳，饮用后有一种舒适的刺激感；应长时间保持其光洁的透明度，在规定的保存期内不应有明显的悬浮物。

◆ **啤酒的饮用**

啤酒经火车、汽车运输颠簸后，不可立即饮用，需经两天左右的静置，以消除可能引起喷涌的物理因素。啤酒不可受到阳光直接照射，应存放在阴凉处，储存温度以 7～9℃为宜，低于或高于此温度有损啤酒的香气和口味。啤酒的饮用温度很重要，在适宜的温度下饮用，啤酒中的很多成分

啤酒

可以互相协调平衡，给人一种清凉、舒适的感觉。啤酒的适宜饮用温度为 12℃ 左右。

第 7 章
食用油

葵花籽油

葵花籽油是从向日葵果实葵花籽中提取的食用油脂。

葵花籽油中的脂肪酸主要有棕榈酸（6%～8%）、硬脂酸（2%～3%）、油酸（14%～17%）及亚油酸（65%～78%）。其中，不饱和脂肪酸含量约85%，而不饱和脂肪酸中的油酸和亚油酸比例约为1：3.5，为高亚油酸油脂，人体消化吸收率高达96%。葵花籽油富含维生素E、胡萝卜素及镁、磷、钠、钙、铁、钾、锌等营养物质。维生素E含量比一般植物油高，且亚油酸含量与维生素E含量的比例较均衡。

葵花籽油颜色金黄，澄清透明，气味清香；烟点高，烹饪时易保留天然食品风味。在世界范围内，葵花籽油的消费量仅次棕榈油、大豆油和菜籽油，在植物油中居第4位。

葵花籽油有辅助降低胆固醇，防止血管硬化和预防冠心病的作用，可促进人体细胞的再生和成长，是一种高级营养油。

玉米油

玉米油是从玉米胚芽中提炼出的食用植物油。又称粟米油、玉米胚芽油。

玉米油的脂肪酸组成比较稳定，主要为亚油酸（55% ～ 60%）、油酸（25% ～ 30%）、软脂酸（10% ～ 12%）、硬脂酸（2% ～ 3%），亚麻酸含量极少（2% 以下）。

玉米油澄清透明，清香扑鼻，烟点高，适合快速烹炒和煎炸食物。玉米油炸的食品香脆可口，烹制的菜肴既能保持菜品原有的色香味，又不损失营养价值。用玉米油调拌凉菜香味宜人。

花生油

花生油是以花生种仁为原料制备的植物油。据国家标准 GB 1534—2003《花生油》的规定，花生油可分为花生原油、浸出成品花生油和压榨成品花生油。其中，浸出成品花生油经溶剂浸出制取，据质量指标分为四级；压榨成品花生油用压榨方法制取，据质量指标分为二级。

花生油含不饱和脂肪酸 80% 以上（主要为油酸、亚油酸），还含有棕榈酸、硬脂酸和花生酸等饱和脂肪酸。花生油的脂肪酸构成比较好，易被人体消化吸收。富含锌等多种微量元素和维生素 E、白藜芦醇等。体外实验及动物实验表明，白藜芦醇有抗氧化、抗炎、抗癌及心血管保护等作用。花生油含锌量远高于色拉油、粟米油、菜籽油、豆油等植物油。

花生油淡黄透明，色泽清亮，气味芬芳，滋味可口。主要用作烹调油，作为煎炸油和烘焙用油，风味良好。也用于制备起酥油、人造奶油和蛋黄酱。

大豆油

大豆油是以大豆种仁为原料制备的植物油。

大豆油是世界上产量最多的油脂。大豆油是一种半干性油，呈黄色或棕榈黄色。脂肪酸构成较好，其中亚油酸含量达 49.8% ～ 59%，油酸含量 17.7% ～ 28%，亚麻酸含量 5% ～ 11%，花生酸含量 0.1% ～ 0.6%，棕榈酸含量 8% ～ 13.5%，硬脂酸含量 2.5% ～ 5.4%。上述脂肪酸中的亚油酸有显著的降低血清胆固醇含量、预防心血管疾病的功效。大豆油中还含有大量的维生素 E、维生素 D 以及丰富的卵磷脂。大豆油的人体消化吸收率高达 98%，是一种营养价值很高的优质食用油。

除用作传统的烹调油外，还大量用于生产起酥油、人造奶油、蛋黄酱、低热量涂抹脂等。小部分大豆油用于非食用工业，如生产环氧大豆油、涂料载色体、生物柴油和彩色油墨等。

国家标准 GB 1535—2003《大豆油》将大豆油分为大豆原油、压榨成品大豆油、浸出成品大豆油三类。其中，后两者又可据质量指标分为四级。消费者在选购大豆油时，可以从标签上了解大豆油的种类（压榨或浸出）、质量等级等。用转基因大豆制取的油，在其标签上标有"转基因大豆"或"加工原料为转基因大豆"字样。

菜籽油

菜籽油是以油菜种子为原料制备的植物油。又称菜油、油菜籽油、香菜油、芸薹油。

菜籽油色泽金黄或棕黄，有一定的刺激气味，俗称青气味。这种气味是因其中含有一定量的芥酸所致。

根据制取工艺，菜籽油可分为压榨菜籽油和浸出菜籽油；根据原料是否为转基因，可分为转基因菜籽油和非转基因菜籽油；根据芥酸含量可分为一般菜籽油和低芥酸菜籽油。

一般菜籽油中主要含油酸（14%～19%）、亚油酸（12%～24%）、芥酸（31%～55%）、亚麻酸（1%～10%）。低芥酸菜籽油则富含不饱和脂肪酸，主要为油酸（约60%）、亚油酸（约20%）和α-亚麻酸（约9%），而芥酸含量低（不超过3%）。因为研究发现芥酸是一种有可能对人体心脏产生不良作用的脂肪酸，故低芥酸菜籽油逐渐成为市场上的主要菜籽油品种。

在低于60℃的环境下加工制备的菜籽油称为冷榨菜籽油。冷榨菜籽油富含生育酚（主要是有α-生育酚和γ-生育酚）和植物甾醇（主要是胆甾醇、菜籽甾醇和菜油甾醇），具有优异的抗氧化，抗动脉粥样硬化，预防冠状动脉硬化、心脏病、癌症等作用。

核桃油

核桃油是采用核桃仁为原料制备而成的植物油。

核桃仁中油脂含量高达65%～70%，居木本油料之首，故核桃有"树上油库"的美誉。核桃油中的脂肪酸主要有亚油酸（63%）、油酸（18%）、α-亚麻酸（9%）、棕榈酸（8%）和硬脂酸（2%），其中不饱和脂肪酸含量高达 90%，必需脂肪酸（亚油酸和亚麻酸）含量高达 72%。其中亚油酸和亚麻酸是大脑组织细胞的主要结构脂肪，能软化血管、预防高血压和心脏病，有"动脉清道夫"的美誉。

核桃制油工艺有机械压榨工艺、预榨—浸出工艺、水剂法提取工艺、超临界二氧化碳萃取工艺。核桃属于小宗特种油料，须据其特性选择合适的制取方法，在保证核桃油天然品质的同时避免核桃蛋白的变性。

核桃油新鲜纯正、营养丰富、口感清淡，脂肪酸组成近似母乳，易被消化吸收，是儿童发育期、女性妊娠期及产后康复的高级保健食用油。

橄榄油

橄榄油是从油橄榄果仁和果肉中提取的黄绿色油脂。

橄榄油被认为是已发现油脂中最适合人体营养的油脂。取自油橄榄果肉（含油 60% ～ 80%）的油脂称橄榄油；取自核仁（含油约 30%）的油脂称为橄榄仁油。橄榄油的产量和质量都远高于橄榄仁油。

油橄榄需在收获后 3 天内进行压榨，3 天后油的质量将会下降。首次榨取的油为初榨油，仅采用简单压榨工艺提炼，不使用任何溶解剂，也未经过工业精炼，质量最好；对头道压榨饼再次压榨取油，质量不如初榨油；用溶剂提取油饼中的残油，质量最差。

橄榄油的脂肪酸组成包括：棕榈酸（7.5% ～ 20%）、硬脂酸（0.5% ～ 3.5%）、油酸（56% ～ 83%）、亚油酸（3.5% ～ 20%），

突出特点是含有大量单不饱和脂肪酸。单不饱和脂肪酸能调整人体血浆中高、低密度脂蛋白胆固醇的比例，增加人体高密度脂蛋白（HDL，对健康有益）的水平，降低低密度脂蛋白（LDL，对健康有害）水平。选择橄榄油做食用油，能有效发挥其降血脂功能，防止高脂血症、脂肪肝的发生，并有助于降低高血压病、冠心病、脑中风等"富贵病"的发病风险。橄榄油还具有良好的美容功效和理想的烹调用途，被誉为"液体黄金""植物油皇后""地中海甘露"。

红花油

红花油是以红花籽为原料制取的油品。又称红花籽油。

◆ 来源

红花为一年生草本植物，平均株高 74～90 厘米，花开时为黄色，后渐变至暗红色。属药食两用植物，除了应用在疾病治疗中，也可在食用及纺织品生产中充当重要的角色。红花分布于中亚地区，广见于西南亚及地中海地区。在中国，红花主产区分布于包括西北省份新疆及中原等地（如河南）在内的多个地区。在主产区新疆，红花籽常被用来炼制食品加工用油及食用油。

◆ 主要成分

红花油主要成分为人体必需但又不能在体内自行合成的不饱和脂肪酸——亚油酸。研究表明，红花籽油中亚油酸含量是已知植物食用油中最高的，平均含量达 78% 左右。除此之外，红花油中还含有维生素 E、谷维素、甾醇等营养成分。根据红花油中脂肪酸组成的不同，可将红花油分为标准型红花油和油酸型红花油。标准型红花油的脂肪酸组成为棕榈酸 5%～9%，硬脂酸 1%～4.9%，油酸 11%～15%，亚油酸 69%～79%，碘价 140 左右，属干性油。油酸型红花油以油酸为主（约占 60%），亚油酸 25%，碘价 105 左右，属半干性油。

红花油通常是通过压榨或浸出工艺制得。压榨法处理量小，提油率低，油颜色深，精炼复杂。溶剂浸提法处理量大，提油率高；但有机溶剂存在安全隐患，油品缺乏天然清香味。超临界 CO_2 流体萃取法得油率高，杂质含量低，色泽浅，油品好，可省去一系列的精炼工序；但是耗能较大，成本较高。

◆ **贮藏**

油脂储存过程中存在易酸败、易氧化等特性，因此储藏过程中应严格控制温度、光照、水分含量等变化。应储存于阴凉、干燥及避光处。不得与有害、有毒物品一同存放。

◆ **用途与价值**

食用方面

红花油可供人们日常食用。红花油中富含多种营养成分，主要为亚油酸和维生素 E，是食物油中亚油酸最高的油，被誉为"亚油酸之王"，对于防止人体血清胆固醇沉积，防治动脉粥样硬化及心血管疾病具有一定效果。可与其他食用油调和成"健康油""营养油"，此外还可以做成很多再加工产品，诸如食用人造奶油及其他产品。

药用方面

因红花油富含亚麻酸，可用于制造亚油酸丸、"益寿宁"等防治心血管、高血压、肝硬化等疾病的药品。

工业应用

红花油具有半干性油的优良品质。红花油色泽浅，热脱色后近似于无色，游离脂肪酸和杂质低，这些特点使其成为理想的白色房屋用涂料和清漆的载色剂，适宜生产醇酸树脂。在奶牛饲料中添加，可提高牛奶的亚油酸含量。

花椒子油

花椒子油是以花椒副产物花椒子为原料，分离制备而成的食用植物油。花椒子油生产工艺与菜籽油生产工艺类似，可采用压榨、油浸、分离、精炼等技术加工制作。

花椒子油色泽透亮、香味浓郁、营养丰富。富含多不饱和脂肪酸，其中 α- 亚麻酸（17%～24%）、亚油酸（25%～35%）、油酸（30%～35%）的含量可达花椒子油脂肪酸总量的 80% 以上。还含有少量的棕榈酸、棕榈油酸和硬脂酸等。大量不饱和脂肪酸使其具有软化血管、通络活血、健脑益智的功效，能有效防治心脑血管疾病。α- 亚麻酸具有显著的药理作用和营养价值，被称为"21 世纪绿色营养保健食品"。市场上 α- 亚麻酸产品主要从亚麻油、紫苏油中提取，但亚麻中的亚麻苦苷、紫苏中的丁香油酚都具有很强的毒性，这些毒性物质在当前技术条件下很难完全去掉，而花椒子油则安全无毒副作用。花椒子油中含有花椒特有的挥发精油，使其具有较强的抗炎、抗过敏作用。含有天然的薄荷酮，使其具有很强的抗氧化作用和透皮吸收效果。

葡萄籽油

葡萄籽油是从葡萄籽中制取得到的油脂。

葡萄籽一般约占葡萄总重的 3% ~ 7%，子含油量 10% ~ 20%。制备葡萄籽油的工艺主要为：①用风力或人力筛选，使葡萄籽中不含皮渣、果渣等杂质；②用双对辊式破碎机对所有成熟的葡萄籽进行破碎；③将碎葡萄籽投入软化锅中软化；④转移到平底炒锅进行炒坯；⑤倒入压饼圈内进行压饼；⑥进一步精炼得到成品油。

葡萄籽油淡黄色或淡绿色，无味、细致、清爽不油腻，最大产地在中国。葡萄籽油属于高亚油酸型油脂，绝大多数品种的葡萄籽油中亚油酸比例达总脂肪酸的 70% 以上，有的甚至高达 81%。亚油酸是人体必需脂肪酸，易被人体吸收，长期食用葡萄籽油可降低人体血清胆固醇，有效调节人的自主神经功能。葡萄籽油富含维生素 E，具有较强的抗氧化性，故保质期较长。由于自身性能比较稳定，除作为烹调油食品原料外，葡萄籽油还是制作高级化妆品和药品的重要原料之一。

米糠油

米糠油是由稻谷加工过程中得到的米糠，经压榨或浸出制取的新型食用植物油。

米糠取自稻谷营养高度集中的胚芽及米皮（果皮、种皮、珠心层、糊粉层），包含了稻谷中大部分微量活性营养成分。米糠油的脂肪酸组成比较简单，与卡诺拉油相似，油酸含量较高（40%～50%），其他为亚油酸（29%～42%）、棕榈酸（12%～18%）、硬脂酸（1%～3%）、豆蔻酸（0.4%～1%）、棕榈油酸（0.2%～0.4%）、亚麻酸（0～1%）等。

与棕榈油相似，受解脂酶的影响，米糠毛油的酸值很高（研究发现米糠油在25℃及一定湿度下，每储存1小时游离脂肪酸含量增加1%），但精炼后的米糠油游离脂肪酸含量低于0.5%。稳定米糠油的方法主要有干法加热、湿法加热和挤压膨化法。米糠毛油中含1.8%～3%的谷维素。谷维素在米糠油的精炼过程中被分离除去（主要是碱炼脱酸时被皂角吸附）。米糠毛油中的糠蜡影响油脂的口感和使用，除去后方可食用。

米糠油是制作营养油、调和油、煎炸油、食品原料的良好油料，适用于煎炸和烘焙食品。米糠油中的天然抗氧化剂可使食品保鲜度和保鲜时间大幅度提高，且色泽清亮，油味轻，不油腻，适应现代人饮食清淡的趋势。米糠油熔点低，黏度小，能够在口腔形成舒适的油膜，人体对其消化率可达90%。

油茶子油

油茶子油是以山茶科植物油茶或小叶油茶的成熟种子为原料，经压榨法、浸出法等技术制备的油脂。世界四大木本植物油之一，中国最古老的木本食用植物油之一。又称山茶油。

油茶子油不饱和脂肪酸含量高（达90%以上，油酸含量超过80%），易被人体吸收，消化率达97%，较少转化为人体脂肪，代替其他食用油可起减肥作用。油茶子油还含有丰富的维生素A、维生素E、维生素D、维生素K和其他抗氧化剂，有较好的美容保健作用。对人体心脑血管系统、消化系统、生殖系统、神经内分泌神经内分泌、免疫系统都有较好的调节作用，长期食用，对高血压、心脑血管疾病、肥胖症等疾病有明显改善作用。是《中国食物结构改革与发展规划纲要》中大力提倡推广的食用植物油，也是国际粮农组织首推的卫生保健植物食用油。

油茶子油主要香气成分为酯类、醛类和醇类，其中庚醛、己醛和辛醛等醛类的相对含量较高。香气成分易挥发，生产工艺对其挥发性成分影响较大，精炼油茶子油的香气成分大部分会损失；压榨油茶子毛油香气成分保存较好，较受欢迎。

油茶树生长在亚热带南岭湿润气候区，整个生长过程无须化肥、农药等，故油茶子油基本不存在农残污染问题。油茶子油价格较高，部分商家受利益驱使在油茶子油中掺入其他价格较低的食用油，可采用色谱法（测定脂肪酸组成）、近红外光谱法、电子鼻技术等甄别掺伪问题。

亚麻子油

亚麻子油是从亚麻子中提取的脂质。亚麻子是亚麻的种子，其干子含油率约45%。亚麻又称胡麻，其种植规模在世界上仅次于大豆、油菜、向日葵和花生，是世界十大油料作物之一。

亚麻子油的制备方法有压榨法、浸出法、水酶法和超临界二氧化碳法等。以热榨和高温长时精炼制备亚麻子油为主，不过这将导致亚麻子油中 α-亚麻酸发生氧化或聚合反应，产生反式脂肪酸、导致抗氧化成分损失等。毛亚麻子油中有胶杂和蜡，通过静置沉降后可随油脚去除。亚麻子油精炼时，经脱臭仍有特殊气味，限制了其在食品中的应用。工业上，亚麻子油可应用于油漆、油毡、油布和印刷油墨等。

亚麻油的脂肪酸主要有亚麻酸、棕榈酸、硬脂酸、油酸、亚油酸等，其中亚麻酸含量达 60%，α-亚麻酸含量高达 53%。α-亚麻酸是人体必需脂肪酸，在人体内可转化为二十碳五烯酸和二十二碳六烯酸，具有抗肿瘤、抗血栓、降血脂、营养脑细胞等作用。亚麻子油中含有维生素 E，有抗氧化和延缓衰老的作用；亚麻子中的类黄酮有降血脂，抗动脉粥样硬化的良好作用；亚麻子中丰富的钾、锌等人体必需的微量元素对维持人体正常生理功能具有重要作用。

棉籽油

棉籽油是以棉花籽为原料压榨出的油脂。皮棉加工的副产品。

棉籽经直接压榨制取的油为压榨棉籽油；经浸出工艺制取的油为浸出棉籽油；以转基因棉花籽为原料制取的油为转基因棉籽油；未经任何处理的棉籽油称为棉籽原油；经过精炼的棉籽油称为棉清油。

棉籽油的主要脂肪酸组成（棕榈酸 22%，油酸 18%，亚油酸

56%）与花生油的主要脂肪酸相似，但棉籽油中含有棉酚和环丙烯酸。动物实验表明，用含棉酚和环丙烯酸的饲料喂养母鸡，其产下的蛋很难储存且孵不出小鸡，故棉籽原油不能供人类直接食用。

棉籽油精炼过程中的脱臭工序可去除棉籽原油中的棉酚和环丙烯酸等有毒物质。精炼后的棉籽油一般呈橙黄色或棕色。

构成棉籽油的甘三酯中有 16% ～ 23% 的二饱和甘三酯、一不饱和甘三酯，熔点较高，低温下呈浑浊分层现象，有固体析出。制造棉籽一级油须经过冬化处理，冬化后分出的固态脂可用于制造人造奶油及起酥油。

棉籽油亚油酸含量高，能有效抑制血液中胆固醇的上升。人体对棉籽油的吸收率高达 98%。

茶叶籽油

茶叶籽油是茶树种子压榨出的油脂。茶叶籽油属木本油脂，常温下为液体，具有特定气味。不饱和脂肪酸含量高达 80%，其中亚油酸含量为 20% 以上，为同类油脂（如山茶油、橄榄油等）中最高。富含维生素 E、甾醇、角鲨烯、茶多酚等活性物质。不含芥酸等难以消化的组分，易被人体吸收。

茶叶籽油中的亚油酸为必需脂肪酸，易被人体吸收，又不易氧化沉积于体内，不会引起人体血液中胆固醇浓度的增加，且能够减少血液中低密度脂蛋白胆固醇（LDL），提高血液中高密度脂蛋白胆固醇（HD），有助于预防和治疗冠心病、高血压等心血管疾病。维生素 E 能有效清除激发态自由基，有较强的抗氧化作用。甾醇有促进皮肤新陈代谢，抑制皮肤炎症、老化及防止日晒红斑等功效。角鲨烯是一种多酚类的活性成分，富氧能力强，可抗缺氧和抗疲劳，具有提高人体免疫力及增进胃肠道吸收的功能。茶多酚是儿茶素、黄酮醇、酚酸和缩酚酸类以及其他多酚类的混合物，可竞争性地与自由基结合，终止自由基的链反应，从而预防或减轻自由基对生物体的损伤。

精炼过的茶叶籽油是优异的护肤油脂。茶叶籽油中油酸含量高达 50% 以上，而人体皮肤表层的脂肪酸组成也以油酸为主，根据相似相溶原理，茶叶籽油极易被人体皮肤吸收。除油酸滋润皮肤外，茶叶籽油中还含丰富的角鲨烯和维生素 E 等对皮肤抗衰老作用的成分，且对革兰氏阳性菌、革兰氏阴性菌和真菌有广谱的抗菌活性，能有效防止皮肤感染。

2009 年，中华人民共和国卫生部（今国家卫生健康委员会）批准茶叶籽油为新资源食品。

番茄籽油

番茄籽油是从番茄籽中提炼出的植物油脂。番茄籽油中不饱和脂肪酸含量高达 80% 以上，饱和脂肪酸（以硬脂酸和软脂酸为主）仅占 15% ～ 20%。在不饱和脂肪酸中，油酸含量 20% ～ 25%，亚油酸含量 50% ～ 60%，亚麻酸含量 2% 左右。属高亚油酸食用油，亚油酸可与人体内多余的胆固醇结合，防止血管内产生沉积物，可防治心脑血管疾病。富含番茄红素、维生素 E 和胡萝卜素等营养物质，具有预防和抑制癌症、抗紫外线、延缓衰老、增强免疫力、预防骨质疏松、降血压、减轻运动引起的哮喘等多种生理功能。

2015 年，被中华人民共和国卫生部（今国家卫生健康委员会）批准为新食品原料。

茶籽油

茶籽油是从成熟的油茶籽中提取得到的植物油。

◆ 来源

油茶属山茶科植物，是中国所特有的一种常绿、长寿、含油率较高的木本经济油料植物，在中国的栽培历史已达 2300 多年。中国是全世界油茶资源最主要的产地，油茶林面枳约占总的木本食用油料面枳的 80% 以上，广泛分布于中国的南方丘陵地带，尤以湖南、广西、江西、云南等地分布最多。油茶果是由外面的茶蒲和里面的茶籽组成，其中茶蒲占 60% ～ 61%，茶籽占 38% ～ 40%。油茶籽干基含油量占 28% ～ 40%。

茶籽油是从成熟的油茶籽中提取精炼而得，其脂肪酸组成与西方国家首选的食用油橄榄油十分相似，因此茶籽油被称之为"东方的橄榄油"。

◆ 主要成分

茶籽油主要成分是以油酸和亚油酸为主的不饱和脂肪酸，含量达

90% 以上，油酸含量超过 80%，极易被人体吸收。除此之外还富含多酚类物质、维生素 E、角鲨烯、植物甾醇等功能性活性物质。

　　茶籽油工业提取制备方法主要有生产上较成熟的机械压榨法、溶剂浸提法、超临界流体萃取法等。中国茶籽油的制取一般采取机械压榨法和溶剂浸提法。机械压榨法是提取茶籽油的基本方式，茶籽压榨经历了土法压榨（主要是楔榨）、液压榨油和螺旋榨油等几个阶段。根据压榨工作过程中的温度不同，通常前两种称为低温压榨工艺，后一种称为高温压榨工艺。①高温压榨法。工艺步骤主要包括剥壳、蒸炒、压榨等。此法生产的茶籽油香味浓郁，满足风味需求，适应性强，操作简单，但高温会使茶籽油营养成分受损。②低温压榨法。工艺步骤主要包括低温贮藏、清理分级、冷榨、油渣分离等。物料处理温度低，油茶饼粕的营养效价较高。低温压榨油较好地保留了油脂中 α- 生育酚、植物甾醇、γ- 亚麻酸等活性物质，避免过度化学处理产生的有害物质。但此法残油率较高，对原料质量要求高。③溶剂浸出法。是利用某些有机溶剂（如正己烷、石油醚、无水乙醇）溶解油脂的特性，将料坯或预榨饼中的油脂提取出来的方法。此法出油率高，油茶饼粕残油极低，劳动强度低，可大规模生产。但精炼过程中易产生反式脂肪酸、3- 氯 -1,2- 丙二醇等有害物质，有溶剂残留的风险。④超临界 CO_2 流体萃取。在超临界状态下将超临界流体与待分离的物质接触，控制体系的压力和温度，使其有选择性地萃取其中某一组分，然后通过温度或压力的变化，降低超临界流体的密度，对所萃取的物质进行分离，并使超临界流体循环使用。此法操作条件温和，使得生物活性的物质受到保护，制取的茶籽油有茶香、色泽浅。但此法需耐高压设备，生产成本高，生产量小。⑤水酶法。以机械和酶的手段来破坏、降解植物种子细胞壁，使其中油脂得以释放出来。同时也破坏其他的与碳水化合物和蛋白质等分子结合在一起的油脂复合体，从而使油脂释放出来。此法条件温和，出油率高，色泽浅，易于精炼。脱脂后的饼粕蛋白质变性低，可利用性好；油与饼粕易分离，简化工艺，提高设备处理能力，降低生产成本；降低能耗，产生的废水易于处理，有利于节能、环保，符合可持续发展的原则。

◆ 贮藏

茶籽油适宜储藏在阴凉干燥避光处，最佳温度 $10 \sim 25℃$。低温下会有乳白色絮状结晶物，这是正常现象，不影响食用，外界温度高时会消失。由于油中有大量的抗氧化物，因此在常温下的保质期可长达两年，比一般食用油长得多。

茶籽油要密封好，每次使用完后要把瓶盖拧紧，减少与空气接触时间，也应尽量减少开盖的次数，以免过多接触空气，发生氧化。

◆ 用途与价值

茶籽油含有丰富的营养和药用价值，应用范围很广。在食用方面，茶籽油可作为一种天然的健康食用油，其中富含的不饱和脂肪酸油酸使得油更易被人体消化吸收，亚油酸能促进人体中饱和脂肪酸及其衍生物胆固醇、脂类在血液中运行，起到预防动脉硬化的作用。除此之外，油中富含的多酚类物质、维生素 E 还具有抗氧化的作用，在烹炒或烘烤食物时，能保留食品原有的新鲜。此外，茶籽油也可用于工业方面，比如生产高纯度的油酸等。加工后的茶籽油用途更加广泛，比如氢化后能用于高级奶油的生产开发，硫化后可用于丝绸业，皂化后在印染业和治皂业也有应用。

松子油

松子油是将松树的果实（松子仁）通过物理压榨、溶剂浸出等方法制取得到的一类油脂。

◆ 来源

松子是松科植物红松、白皮松、华山松等多种松树的种子。其分布较为广泛，中国（红松、华山松）、俄罗斯（红松、西伯利亚红松）、朝鲜（红松）、阿富汗和巴基斯坦（喜马拉雅白皮松）为主要产地。商业松子世界年产量在 65 万吨左右，可生产 2 万吨左右的松子油，全球松子仁年产量则在 2 万吨左右。中国松子资源丰富，出口量可占世界平均交易量的 40% 以上，各地几乎都有生产，但以东北、西南地区种植为主，且大多数尚未被开发利用。

中国食用松子始见于汉代，松子是天然绿色保健食品，其食用和药用价值在《本草纲目》中均有记载。1997 年挪威科学家首次公布了松子中有一种不饱和脂肪酸——皮诺敛酸，仅存在于松子油中。松子油的加工工艺包括常用的物理压榨法、有机溶剂提取法和超临界萃取法等。

◆ **主要成分**

松子油含有 12 种脂肪酸，以多不饱和脂肪酸和单不饱和脂肪酸为主，其中包括 1.6% ~ 2.9% 的亚麻酸、24.2% ~ 29.8% 的油酸、45.8% ~ 51.6% 的亚油酸，以及特征性组分的皮诺敛酸和微量的花生酸、芥酸、紫杉油酸、金松油酸、花生一烯酸、二十碳二烯酸和二十碳三烯酸。同时含有甾醇、角鲨烯、生育酚等活性物质。

◆ **油脂制备方法**

包括压榨法、浸出法、超声或微波辅助浸提法、超临界流体萃取法、水蒸气蒸馏法、水酶法等。尽管多种制备油脂方法仍存在许多问题，但都有可取之处。

压榨法

主要有冷榨和热榨两种，热榨需对原料进行高温炒籽后进行压榨，而冷榨则是在较低温度下制备绿色无污染油脂。该工艺由于不需要任何化学物质，因而不会有溶剂残留，制备的油脂产品更安全。压榨法还因能更多地保留油料独特的风味而受到广大消费者的青睐。在松子油的压榨过程中混合一定体积的稻壳、麦壳及一定长度的秸秆，有利于后期自然沉降过程中的油脂分离。压榨法由于提取率较低、耗时长，逐渐被新型油脂制备工艺所取代。

浸出法

有机溶剂浸出法利用固液萃取的原理，使用有机溶剂萃取油脂，通过有机溶剂与油脂沸点的差异旋转蒸发去除溶剂，制备浸出毛油。浸出法制备松子油过程中，松子全仁破碎的得率高于半粒破碎和整粒破碎。利用有机溶剂浸出时，石油醚的提取效果优于丙酮、正己烷、无水乙醇等有机溶剂。由于松子油富含多种不饱和脂肪酸，在以有机溶剂萃取松子油后对其脂肪酸进行分析，发现松子油以亚油酸为主（占44.66%），此外还含有油酸、亚麻酸、棕榈酸、异油酸及少量硬脂酸，其不饱和脂肪酸占 90% 以上。浸出法的优点在于溶剂温度和沸点低，分离工艺简单，提取效率显著高于冷浸法和水代法，且能大规模生产；缺点则在于部分有机溶剂残留，影响产品品质。

微波或超声波辅助浸提法

微波技术利用微波产热使细胞温度迅速上升，破坏细胞壁促进脂肪溶出；超声波技术利用高于 20 千赫超声波形成的空化效应、热效应及机械效应，使细胞壁破裂并加速油脂溶出。选择较优的超声波强度、处理时间、料液比及超声次数，提取率明显优于传统压榨法。超声波技术尽管会使油脂中某些功能性成分被破坏，而且耗能较多，但其在得到高提取率的同时降低了操作时间，因而在工业中得到推广应用。

超临界流体萃取

在流体处于临界压力和临界温度以上的状态时对油脂进行萃取。该技术利用其高渗透能力、低黏度及优良的溶解能力萃取样品，通过高扩散性和流动相对各组分进行分离。该技术优于传统溶剂萃取法的地方在于其可制备纯度高、品质优良的产品；相对于水蒸气蒸馏法，具有后处理工序简单、无溶剂残留等优点。超临界流体萃取对于油样本身的脂肪酸影响较小，还可保留其中较多的营养组分，因而被广泛用于姜油、茶籽油、小麦胚芽油等功能性油脂的提取。由于该技术主要针对的是非极性组分，可能会对极性部分造成较大的损失，因而通过一定的有机溶剂可避免该问题。此外，由于该技术设备成本较高，限制了其由实验室研究走向产业化。

水酶法

将生物酶加入已经过机械破坏油料细胞壁的样品中，利用其条件温和、工艺环保、能耗低、蛋白质不易变性等特点，充分破坏细胞壁并对蛋白质水解，从而释放油脂。该技术将提油工艺与蛋白质利用相结合，既可实现油料产业化运作，也可制备出让消费者接受的产品。将该技术运用于松子油的制备过程中，并对其工艺条件进行优化，发现在最优工艺条件下制备的松子油脂肪酸含有 3.89% 棕榈酸，19.44% 油酸，50.09% 亚油酸，0.58% 亚麻酸和 1.53% 硬脂酸。水酶法缺点是制备油脂过程中酶用量较大，而酶的价格较贵，使其应用成本较高；易造成乳化，工艺过程不稳定；会产生大量废水，造成环境污染，因而阻碍了该方法的推广。

◆ **贮藏**

不饱和脂肪酸的氧化变质是松子油贮藏过程中最重要的问题，脂类的氧化产物会产生不良气味并且降低脂类食品的营养品质和安全性。提高松子油抗氧化性的主要方法包括低温、密封贮藏，使用抗氧化剂，改变加工条件等。其中添加抗氧化剂是一种比较简单并且效果很好的方法，常见的抗氧化剂有 TBHQ、PG、柠檬酸和迷迭香。常使用抗氧化剂复配增强松子油的抗氧化稳定性，延长产品的货架期，具有较好的应用前景。

◆ 用途与价值

降血脂

松子油含有的单不饱和脂肪酸和多不饱和脂肪酸均较为丰富。油酸是一种优质安全脂肪酸，既容易被人体吸收，又不易氧化沉积于体内引起人体血液中胆固醇（TC）浓度的增加，且与多不饱和脂肪酸一样能够减少血液中低密度脂蛋白（LDL），但不会降低甚至能提高血液中高密度脂蛋白（HDL），从而有效地预防和治疗冠心病、高血压等心血管疾病。此外，松子油中特有的皮诺敛酸也具有较强的降血脂功效。

抗氧化及免疫调节

松子油富含多种生理活性物质，如生育酚、甾醇、角鲨烯、多酚等，这些物质能够调节免疫活性细胞，增强免疫功能，清除游离自由基，促进人体新陈代谢，从而达到提高人体抗病能力，延缓人体衰老的目的。松子油中含有的角鲨烯有很好的富氧能力，可抗缺氧和抗疲劳，具有增强人体免疫力及促进肠道吸收等功能，是一种无毒性的具有防病治病作用的生物活性物质；多酚类极性组分能够竞争性地与自由基结合，终止自由基的链反应，从而预防或减轻自由基对生物体的损伤，达到除病健身的作用。

抗癌作用

松子油中不饱和脂肪酸含量多，尤其是必需脂肪酸含量多，抗癌效果明显。生物膜在人体各种代谢中起着非常重要作用，它既是细胞表面屏障，又是细胞内外进行物质和能量交换通道，一系列生化反应均在膜上进行。因而当作为膜磷脂重要组成的多不饱和脂肪酸供应不足时，会使细胞膜和线粒体结构异常，从而导致细胞功能紊乱，最终造成细胞癌变。

猪　油

猪油是以偶蹄目猪科猪属动物新鲜、洁净和完好的脂肪组织为原料炼制成的动物油。

猪油富含维生素 A 和维生素 E，且具有不可替代的独特香味和起酥性，还能提高热量，因此广泛应用于食品行业，如中式糕点制作、菜肴烹调等。猪油还可通过氧化控制手段用于制作肉味香精，通过改性生产母乳替代脂，还可用于制备粉末油脂，以及用于生物燃油开发等化工用途，极具开发潜力。但猪油中硬脂酸等饱和脂肪酸含量高，长期食用被认为是引起高血压、高血脂、心脏病等疾病的重要风险因素。

牛　油

牛油是从牛的脂肪组织提炼出来的油脂。

牛油中的饱和脂肪酸含量较高，主要包括棕榈酸（30%）、硬脂酸

（25%）、豆蔻酸（5%）；不饱和脂肪酸主要为油酸，含量 20% 以上，亚油酸、亚麻酸含量较低；Sn-2 位脂肪酸组成中主要为棕榈酸、硬脂酸及油酸，油酸含量最高。

牛生长到一定阶段，身体多个部位会聚集脂肪组织，脂肪的数量及分布与牛的种类、成熟度和饲养条件密切相关。不同部位的脂肪用途一般不同，通常肠区脂肪只作为工业用脂肪，多用作肥皂、脂肪酸、油滑脂等工业原料。只有屠宰分割的新鲜、洁净完好的脂肪组织，精炼后才可作为食用牛油。牛油制取方式同猪油，可采用干法熬制和湿法熬制。根据对牛油品质的要求，粗制牛油需经脱色、脱臭等精炼工艺处理。精炼后的牛油色泽浅黄，质地细腻，可直接食用，也可用于热炒、烘烤、煎炸等。

牛油中含大量胆固醇和饱和脂肪酸，二者可结合沉积在血管内皮形成脂斑，引发冠心病，诱发高血压、高脂血等病症，应慎吃。

黄　油

黄油是鲜牛奶经搅拌后，上层浓稠状物体滤去部分水分之后得到的油脂。又称白脱油、乳脂。

公元前 5 世纪，蒙古人各种奶制品制作技术就已成熟，并传播到各地。

黄油可由稀奶油或奶油加工制成，工艺主要包括浓缩及均质。

黄油营养丰富，含维生素、矿物质、脂肪酸、糖化神经磷脂、胆固醇等营养成分。黄油主要由甘油三酯（98%）、甘油二酯、单甘油酯和游离脂肪酸组成。其富含脂肪，可维持和保护内脏，并提供必需脂肪酸，促进脂溶性维生素的吸收，增加饱腹感。黄油富含铜，可促进身体发育。适量食用天然黄油可改善因食用不饱和脂肪酸或人造黄油而导致的贫血症状。但黄油脂质含量很高，不宜大量食用。

杜仲籽油

杜仲籽油是从杜仲籽中亚临界低温萃取制得的油脂。

杜仲籽油属于干性油，不饱和脂肪酸含量高达 91.18%。富含 α- 亚麻酸和维生素 E，含有绿原酸和环烯醚萜类物质。α- 亚麻酸作为人体必需脂肪酸，是体内各组织生物膜的结构材料，也是合成前列腺素的前体。研究表明，α- 亚麻酸具有降血脂、降血压、抑制过敏反应、抗血栓等多种生理功能。杜仲籽油中的 α- 亚麻酸是附加值极高的功能性油脂，可以采用尿素包合、分子蒸馏等方法单独提取纯化 α- 亚麻酸，以液态、微胶囊化粉末油脂等形态用作其他保健产品的功能性基料。杜仲籽油对四氯化碳诱发的肝损伤也有保护作用，对革兰氏阴性和阳性菌均具有抑制作用，临床上可用于促进伤口的愈合。具有较强的清除自由基作用，对组织细胞及亚细胞膜性结构的氧化损伤有较好的保护作用。还具有利胆、抗菌、抗病毒、抗突变活性、降血压、降血脂、抗炎症、抗肿瘤、增高白细胞及兴奋中枢神经系统等多种药理作用。

2009 年，中华人民共和国卫生部（今国家卫生健康委员会）批准杜仲籽油为新资源食品。

玫瑰茄籽油

玫瑰茄籽油是从玫瑰茄中提取的新型植物油。

玫瑰茄籽含油量为 18% ～ 22%。玫瑰茄籽油主要成分为油酸（27% ～ 44%）、棕榈酸（10.0% ～ 21.9%）和亚油酸（36.3% ～ 54.4%），不同品种的玫瑰茄籽油成分略有差异。富含油酸、亚油酸等不饱和脂肪酸，具有较高的营养价值和保健功能。经常食用有助于降低人体血液中的总胆固醇和甘油三酯，防治心血管疾病。提取主要采用压榨法和溶剂浸出法，但存在油脂得率低，营养成分破坏、有机溶剂残留等问题。应用超临界萃取、微波辅助提取等技术可改善提取工艺。

元宝枫籽油

元宝枫籽油是由元宝枫的种子提炼出的植物油脂。

元宝枫籽油的脂肪酸组成介于花生油和菜籽油之间，不饱和脂肪酸含量达 90% 以上。含有 5.8% 的功能性脂肪酸——神经酸。各国科学家公认神经酸是大脑神经纤维和神经细胞的核心天然成分，也是唯一能修复疏通受损大脑神经纤维并促进神经细胞再生的双效神奇物质。神经酸的缺乏可引起脑中风后遗症、脑瘫、脑萎缩、记忆力衰退、失眠健忘等脑疾病。元宝枫籽油中维生素 E 含量为 125.23 毫克 /100 克，远高于橄榄油和棕榈油。维生素 E 具有抗不育、预防冠心病和癌症等作用，同时维生素 E 本身就是一种优良的天然抗氧化剂，故元宝枫籽油耐贮存，一次精滤的原油常温避光保存 3 年不会酸败变质。

元宝枫籽油对几种常见的食品中腐败菌有较广泛的抑制作用，特别是对大肠杆菌、枯草芽孢杆菌和黄曲霉的抗菌作用极佳，可用作天然无毒防腐剂。

动物试验证明，元宝枫籽油还具有良好的抗肿瘤作用。

元宝枫籽油的制取方法有溶剂浸提、土法榨取和机械榨取等。2011年，中华人民共和国卫生部（今国家卫生健康委员会）批准元宝枫籽油为新资源食品。

黑加仑籽油

黑加仑籽油是从黑加仑籽中提取出的植物油脂。黑加仑籽油中主要活性成分为 γ- 亚麻酸。γ- 亚麻酸是唯一的 ω-6 脂肪酸，为人体生长发育不可缺少的必需脂肪酸，是合成前列腺素 E1（PGE1）的前体，经酶催化反应转变为 PGE1。高含量的 γ- 亚麻酸赋予黑加仑籽油抗血栓、舒张血管、降低胆固醇和甘油三酯、增加高密度脂蛋白、防癌等功效。黑加仑籽油还可以减少炎性细胞因子的分泌，缓解晨僵及关节疼痛，对炎症性疾病（如类风湿关节炎等）具有保健作用。另外，黑加仑籽油还具有改善神经功能、缓解干眼症、减轻过敏反应、抗老化等作用。

长柄扁桃油

长柄扁桃油是以长柄扁桃种仁为原料榨取的植物油脂。

长柄扁桃油中不饱和脂肪酸含量高达 98.1%，其中包括大量 ω-3 与 ω-6 多不饱和脂肪酸；维生素 E 含量约 528 毫克 / 千克；含有 18 种人体所需的氨基酸，其中包括 8 种人体自身无法合成的必需氨基酸；还含有微量元素、矿物质、角鲨烯等活性成分。

长柄扁桃油具有预防心脑血管疾病、抗衰老、保护皮肤、保护骨骼系统、预防癌症等作用。①预防心脑血管疾病。长柄扁桃油可从多方面保护心血管系统：通过降低高半胱氨酸（一种能损伤冠状动脉血管壁的氨基酸）防止炎症发生，减少对动脉壁的损伤；通过增加体内氧化氮的含量松弛动脉，降低血压；单不饱和脂肪酸可降低低密度脂蛋白的氧化作用；角鲨烯可增加体内高密度脂蛋白含量，降低低密度脂蛋白含量；可通过增加体内 ω-3 多不饱和脂肪酸含量来降低血液凝块形成的速度。②抗衰老。长柄扁桃油中含有的维生素 E 可消除体内自由基，恢复人体脏腑器官的健康状态，防止衰老。③保护皮肤。富含与皮肤亲和力极佳的角鲨烯和人体必需脂肪酸，吸收迅速，可有效保持皮肤弹性和润泽；所含单不饱和脂肪酸和维生素 E 等抗氧化物质可消除面部皱纹，防止肌肤衰老。另外，用长柄扁桃油涂抹皮肤，可抗击紫外线，防止皮肤癌。④保护骨骼系统。长柄扁桃油中的天然抗氧化剂和 ω-3 多不饱和脂肪酸有助于人体对矿物质（如钙、磷、锌等）的吸收，可促进骨骼生长；还有助于保持骨密度，减少因自由基造成的骨骼疏松。⑤预防癌症。长柄扁桃油中的 ω-3 与 ω-6 多不饱和脂肪酸争夺癌肿在代谢作用中所需要的酶，使癌细胞的细胞膜变得不饱和，易被破坏，从而抑制肿瘤细胞生长，降低肿瘤发病率。

长柄扁桃油烹调稳定性远高于菜籽油，且高温下长时间烹调产生的有害物质低于规定限量，是一种高质量的烹调食用油。主要用于食用油脂及化妆品领域。2013 年，被中华人民共和国卫生部（今国家卫生健康委员会）正式批准为新资源食品。

林蛙油

林蛙油是雌性林蛙输卵管的干制品。又称蛤蟆油、田鸡油、哈什蚂油、雪蛤。

富含蛋白质，粗蛋白含量可达 54.93%。含有 18 种氨基酸、13 种无机元素、9 种维生素和多种复合多肽等生物活性因子，富含雌二醇、睾酮和黄体酮等性激素。

林蛙油味甘、咸、性平，具有补肾益精、健脾益胃、滋阴补肾、润肺生津等功效，是一种营养保健价值极高的滋补品和药物，富有滋补软黄金的美誉，在中国清代被列为皇宫贡品。有显著镇咳、祛痰作用。林蛙油的甲醇及石油醚提取物也有不同程度的镇咳、祛痰作用，甲醇提取物镇咳作用强于石油醚提取物，而石油醚提取物的祛痰作用略强于甲醇提取物。有一定的调节血脂、抗脂质过氧化作用，有明显抗缺氧、耐高温、增强机体免疫功能的作用。

翅果油

由翅果油树的果实提取的植物油脂。

不饱和脂肪酸含量高达 91.3%，其中油酸 40.36%，亚油酸 50.38%。翅果油中的蛋白质由 17 种氨基酸组成，其中包括 7 种人体必需氨基酸。还含有维生素 E、维生素 C、硒、黄酮类化合物、植物甾醇

和 β- 谷固醇等营养物质，其中维生素 C、维生素 E 和硒均为强效抗氧化剂。其有调节内分泌、抗疲劳、提高免疫力、预防肿瘤、抗氧化、延缓衰老、调节血脂、护肝养肾、调节血压、缓解糖尿病并发症、改善尿频、改善睡眠、改善胃肠道功能等效果。

2011 年，被中华人民共和国卫生部（今国家卫生健康委员会）正式批准为新食品原料。

光皮梾木果油

以山茱萸科梾木属光皮梾木的果实为原料，经压榨、过滤、脱色、脱臭等工艺而制成的油脂。

黄色透明状液体。脂肪酸组成（占总脂肪酸含量比）主要为：亚油酸（C18：2）≥ 38%，油酸（C18：1）≥ 20%，棕榈酸（C16：0）≥ 15%。不饱和脂肪酸含量高，有助于保持细胞膜的相对流动性，保证细胞的正常生理功能；使胆固醇酯化，降低血中胆固醇和甘油三酯；降低血液黏稠度，改善血液微循环。含有维生素 E、多酚、黄酮等活性物质，有较强的抗氧化作用，可消除体内自由基，防止衰老。2013 年，被中华人民共和国卫生部（今国家卫生健康委员会）正式批准为新资源食品。

磷虾油

磷虾油是由南极磷虾组织中提取的油脂。

南极磷虾脂肪含量约占干重的 16% ～ 20%，富含 ω-3 脂肪酸，其中二十碳五烯酸（EPA）、二十二碳六烯酸（DHA）含量可占脂肪酸总量的 18% 和 14% 左右，且多不饱和脂肪酸 EPA 和 DHA 主要以磷脂形式存在，相比于鱼油中以甘油三酯或脂肪酸乙酯形式存在的 EPA 和 DHA，生物利用率更高，更易被人体所吸收。富含虾红素。具有抑制发炎、降血脂、抗氧化等功效。磷虾油的提取原料可以为冷冻的南极磷虾，也可以为南极磷虾干粉。

2013 年，被中华人民共和国卫生部（今国家卫生健康委员会）正式批准为新资源食品。

美藤果油

美藤果油是大戟科藤本植物、多年生油料作物美藤果的种子榨取的植物油。

美藤果油富含 ω-3、ω-6 和 ω-9 多不饱和脂肪酸及维生素 A、维生素 E 和微量元素。不饱和脂肪酸含量达 92% 以上，其中亚油酸和亚麻酸含量分别为 33.4% 和 50.8%。由于多不饱和脂肪酸对热不稳定，易氧化，故需采用低温冷榨法制备。成熟美藤果经采收后用机器（或人工）破瓣、脱外壳得黑色种子，再经脱黑色壳得果仁（种仁），通过粉碎、低温冷压榨、过滤除杂等工艺，制得美藤果油成品。

美藤果油具有调节血脂、预防心血管疾病、保养肌肤等作用，可用于食品、保健品、药品、化妆品等生产。2013 年，被中华人民共和国卫生部（今国家卫生健康委员会）批准为新资源食品。

DHA 藻油

DHA 藻油是直接来源于藻类的富含DHA（二十二碳六烯酸）的油脂。

DHA 为多不饱和脂肪酸，可增强记忆能力、思维能力，促进智力发育，俗称"脑黄金"。还有预防心血管疾病、抗癌、抗炎、抑制过敏反应等作用。人体可利用 α- 亚麻酸转化生成 DHA，但合成速度慢且转化率极低，无法满足基本营养需求。DHA 主要存在于一些海产品中，如深海鱼油等，而鱼油 DHA 也是鱼饲食了含 DHA 的海洋微藻而在体内积累的，说明鱼油中的 DHA 的来源实为微藻。由于鱼油 DHA 的加工链过长，易产生持续性有机污染。

一些纯种微藻可经过生物发酵工程筛选，将其驯化得到富含 DHA 的藻种，最后抽提、精炼获得 DHA 藻油。从微藻的纯化培养到精炼，DHA 藻油的整个生产流程均严格按照操作规范进行，所生产出的 DHA 藻油具有高纯度、零污染、性质稳定的特点，同时还具有独特的海藻风味。

除少数产品直接以油剂形式使用外，实际应用中主要采用微胶囊化制品形式。DHA 藻油经微胶囊化后，微胶囊壁材在藻油外形成一层保护层，使氧化劣败速度降低，油脂的腥味降低，其形态也由液态转变为固态，更便于使用和保存。已商业化的 DHA 藻油微胶囊主要为水溶性的，也有少量斥水微胶囊制品。水溶性微胶囊 DHA 藻油遇水后，囊壁溶解形成乳化液，DHA 被液态膜包围，适用于粉状食品，如奶粉、豆粉、米粉等制品；斥水性微胶囊 DHA 藻油的胶囊壁不溶于水，具有耐水、耐热、抗剪切、高氧化稳定性等特性，适用于饮料、液态乳品等高水分食品及面包、蛋糕、月饼、饼干等需高温加工的食品。

还可加工成口服制剂，多为复合营养素制剂。DHA 藻油口服制剂主要有粉状制剂和软胶囊两种，以软胶囊居多，均作为保健品进行销售。粉状制剂一般采用微胶囊包埋技术生产，多添加乳粉、功能性甜味剂及钙、锌等微量元素；软胶囊则由 DHA 藻油直接装填制成，多添加核桃油、亚麻籽油等富含不饱和脂肪酸的油脂及维生素 E 等油溶性营养素。

2013 年，被中华人民共和国卫生部（今国家卫生健康委员会）批准为新资源食品。

盐地碱蓬籽油

盐地碱蓬籽油是以盐地碱蓬种子为原料，经萃取、脱色、过滤等工艺而制成的植物油脂。

为淡黄色至金黄色透明油状液体。盐地碱蓬籽含油量高达 20.12%。盐地碱蓬籽油含有 7 种脂肪酸，其中饱和脂肪酸 2 种，含量只有 8.52%；不饱和脂肪酸 5 种，含量高达 90.65%。十八碳脂肪酸的含量占脂肪酸总量的 88.77%，其中亚油酸含量为 68.74%，约占十八碳脂肪酸的 77.44%，高于花生油（31.4%）、核桃油（60.4%）等常见食用油。理化指标也基本符合食用油标准，可开发为新的食用植物油，也是制备共轭亚油酸的好材料。

盐肤木果油

盐肤木果油是以盐肤木果为原料提取的油脂。

盐肤木果油以盐肤木果为原料，经汽爆、浸出、脱色、脱臭等工艺制成，为金黄色透明油状液体。不饱和脂肪酸含量85%以上，主要成分为亚油酸、油酸和亚麻酸。其中，亚油酸含量高达69%。

盐肤木果含油量为15%～30%，外包果皮坚韧、厚实，难以破碎，给盐肤木果油的开发利用带来了极大的挑战，研究新型提取方法至关重要。

盐肤木果油是一种优质的食用油。2012年，被中华人民共和国卫生部（今国家卫生健康委员会）正式批准为新资源食品。

牡丹籽油

牡丹籽油是由牡丹籽提取的植物油脂。又称牡丹油。为中国特有。

不饱和脂肪酸含量达90%以上，其中多不饱和脂肪酸——亚麻酸含量超过40%，是橄榄油的140倍；亚油酸含量为23.34%。富含维生素A、维生素E、烟酸和胡萝卜素等营养物质。既可内服又可外用。内服具有活血化瘀，消炎杀菌，促进细胞再生，降血压，降血脂、预防糖尿病，防脑中风和心肌梗死，清理血中有害物质和防治心脏病，缓减更年期综合征，提神健脑、增强注意力和记忆力，辅助治疗多发性硬化症，辅助治疗类风湿性关节炎，治疗皮肤癣或湿疹，预防与治疗便秘、腹泻和胃肠综合征等多种作用。外用可美容养颜，消除色素沉积，减少皱纹，使肌肤细腻光洁，富有弹性；外用还对治疗口腔溃疡、鼻炎、关节炎、皮肤病（包括青春痘、脚气、手脚蜕皮、上火起泡、湿疹、红肿、痒疼等）有奇效。

2011 年，被中华人民共和国卫生部（今国家卫生健康委员会）正式批准为新资源食品。

月见草油

月见草油是由月见草种子提取的植物油脂。淡黄色。含有多种人体必需脂肪酸，其主要有效成分为 γ- 亚麻酸，在体内可转变成花生四烯酸，为前列腺素及生物膜的构成提供前体。不饱和脂肪酸高达 90%，其中亚麻油酸约 70% 和 γ- 亚麻酸约 7% ～ 10%。由于亚麻油酸与 γ- 亚麻酸均为极不饱和脂肪酸（分子中含较多的双键），易氧化变质，故月见草油多添加少量维生素 E 作为稳定品质的抗氧化剂。实验证明，月见草油具有明显的抗炎、抗氧化、抗血栓、降血脂、降糖、减肥等作用，对糖尿病、高脂血症、动脉粥样硬化、冠心病等也具有显著疗效。

本书编著者名单

编著者　（按姓氏笔画排列）

万　婕	万雪琴	王　东	王　强
王德槟	史保林	巩振辉	成　波
朱加进	朱思明	乔延江	向增旭
刘元法	刘学波	李隆云	杨生超
吴毓林	张　滂	张应华	张昌伟
张惟杰	陆德培	陈　兴	陈建平
欧阳亮	欧阳亮	季鹏章	孟祥河
胡秀婷	胡晓波	胡蒋宁	侯喜林
洪　勋	秦小明	徐　亮	徐福荣
殷军艺	郭信强	郭德恩	黄　宪
黄咏贞	常　明	梁艳丽	尉亚辉
彭　华	彭方仁	蒋卫杰	谢建华
靳瑰丽	雷建军		